高素质农民跟踪服务
指导手册

朱玉东　张　娜　赵志媛　主编

中国农业科学技术出版社

图书在版编目（CIP）数据

高素质农民跟踪服务指导手册／朱玉东，张娜，赵志媛主编. -- 北京：中国农业科学技术出版社，2024.6. -- ISBN 978-7-5116-6877-6

Ⅰ. D422.6-62

中国国家版本馆 CIP 数据核字第 2024FN8574 号

责任编辑	崔改泵
责任校对	李向荣
责任印制	姜义伟　王思文

出 版 者	中国农业科学技术出版社
	北京市中关村南大街 12 号　　邮编：100081
电　　话	(010) 82109194 (编辑室)　　(010) 82106624 (发行部)
	(010) 82109709 (读者服务部)
网　　址	https://castp.caas.cn
经 销 者	各地新华书店
印 刷 者	北京富泰印刷有限责任公司
开　　本	148 mm×210 mm　1/32
印　　张	7
字　　数	188 千字
版　　次	2024 年 6 月第 1 版　2024 年 6 月第 1 次印刷
定　　价	38.00 元

《高素质农民跟踪服务指导手册》
编 委 会

主　编：朱玉东　　张　娜　　赵志媛

副主编：刘　杰　　宋宇宁　　许　伟　　于海宁

　　　　邵秋实　　姬松山　　张　俊　　全　辉

　　　　郝玉莲　　宁红梅　　刘艳秋　　吴　菲

　　　　王红艳　　李泽林　　杜娜钦

编　委：刘俊颖　　周曦文　　李杏娣　　刘志祥

　　　　冯巧玲　　张　辉

前　言

　　高素质农民是农业科技成果的承接者和使用主体，是推动现代农业建设的力量源泉。培育有科技素质、有职业技能、有经营能力的高素质农民，是培育农业现代化的未来，也是培育新农村的未来。因此，我们要把培育高素质农民作为重要职责和基本任务，贯穿于现代农业建设全过程，持续提供人力资源支撑和人才保障。

　　本书围绕农民素养提升可能遇到的问题，介绍了高素质农民的概述、强农惠农富农政策、农业生产关键技术、畜牧生态养殖技术、农产品质量安全、农业面源污染及治理、乡村治理、经营管理基础、农产品电商、农民健康生活等内容。适合相关研究人员和行业分析人员阅读参考。

　　本书内容丰富、条理清晰、语言简练，具有较强的可读性和实用性，可为农民教育培训提质增效发挥一定作用。

编者

目　录

第一章　高素质农民概述

第一节　高素质农民的内涵

培养造就高素质农民队伍，首先要把握高素质农民的内涵。高素质农民应具备以下特征。

一、爱农业爱农村

习近平总书记多次强调"任何时候都不能忽视农业、忘记农民、淡漠农村"，这是成为高素质农民的首要前提。要拥有深厚的"三农"情怀，愿意深深扎根农业农村发展。

二、有文化懂技术

科技文化素质是高素质农民最应该具备的素质，引领现代农业发展是高素质农民发挥示范引领作用的重要体现。高素质农民应有一定的文化水平，了解农业生产特点和规律，掌握现代农业生产管理先进技术，承接新技术、新品种、新装备，同时，传承"工匠"精神，只有这样的高素质农民，才能真正让农民信服，才能带领农民共同致富，才能真正引领现代农业发展。

三、会管理善经营

高素质农民应拥有先进的经营管理理念，能够从事专业化、标准化、规模化农业生产经营。

四、强体魄树新风

身体素质好是高素质农民的重要特征。他们拥有健康的体魄，积极开展体育健身，组织开展具有农耕农趣农味的健身活动，丰富农民精神文化生活，提升农民健康水平，增强农民获得感、幸福感、安全感。通过推动农村民间传统体育发展，大力弘扬中华民族优秀文化，引领带动乡村文明建设，树立良好乡风民风。

五、敢创新能担当

带动小农户和贫困户发展是高素质农民发挥示范引领作用最重要的体现，高素质农民应具有较强的自我发展能力，愿意带动小农户和贫困户共同发展，在乡村振兴中积极贡献力量。

第二节　识别高素质农民

一、明确高素质农民的识别条件与程序

对年度从事农林牧渔生产劳动时间超过 200 d、收入 80% 以上主要来自农业生产、服务且达到当地城镇居民人均可支配收入水平以上的规模种养者或社会化服务及劳务提供者；对兴办新型农业经营主体、农产品商品化率超过 80% 以上、收入 80% 以上主要来自农业生产、服务且达到当地城镇居民人均可支配收入水平以上的领办者等相关条件的现代农业从业者应当界定为高素质农民。

二、明确高素质农民的权利与义务

界定高素质农民不是为了设置务农门槛，而是为了科学破解"谁来种地"重大问题的决策依据，也是精准扶持规模农业生产者和普通小农户的需要，逐步将农业扶持项目由特惠制转变为普惠制，享受惠农政策不仅要见物还要见人，真正发挥惠农政策"四两拨千斤"作用，融洽干群关系，提高政策的公开公正公平透明度，降低涉农领域的廉政风险，防止少数人过度占用、浪费、消耗、荒芜农业生产资源，让高素质农民安心从事农业生产经营活动，享受诸如党代表、人大代表、政协委员的"两代表一委员"推选和劳动模范、先进人物评选等相关法律法规政策界定的"农民"应有的待遇荣誉，履行相应的社会责任和义务，带领或帮助普通小农户一起从事现代农

业生产、共同致富奔小康，加快实现农业农村现代化步伐。

第三节　培养造就高素质农民队伍

一、完善高素质农民发展保障措施

切实改变"只见屋不见人"的政策支持理念，在产业政策、新增补贴、土地流转、设施建设、税收保险等方面做出差异化的政策安排。加快形成政府牵头，相关部门和单位协调配合的工作机制，构筑起集政策宣传、创业培训、项目开发、小额贷款、减免税款及跟踪扶持为一体的上下沟通、内外紧密结合、服务支撑有力的工作平台，为高素质农民发展创造有利的政策环境和制度保障，真正让农民成为有吸引力的职业，让高素质农民有自豪感、成就感和满足感。

二、创设高素质农民培养专门项目

在教育培训上，要畅通培养渠道，加快提升教育培训质量；在规范管理上，要规范项目实施，确保取得实效；在政策扶持上，要突出高素质农民示范带动作用等特点，采取产业发展扶持、帮扶带动奖励、金融保险支持、社会保障兜底等多种措施，更好地发挥各自在资金、技术、市场等方面的优势，引领、示范、带动更多的小农户和贫困户与现代农业发展有机对接，实现增收致富、共同富裕。

三、丰富高素质农民发展平台载体

支持高素质农民参加多种形式的技术技能比赛，既是展示自身风采，也是很好的自我营销。持续办好全国农民教育培训发展论坛，在拓宽视野、转变发展观念的同时，共享经验做法，开展交流合作。促进农民成立农民合作组织，带动小农户实现抱团发展。开展丰富的农民体育健身赛事活动，为高素质农民展示自我提供更大舞台，传承优秀民族传统文化，丰富农民精神文化生活，促进农民全面发展。

第二章　强农惠农富农政策

第一节　金融精准扶贫

一、要进一步深化惠及小微及"三农"的金融服务

脱贫攻坚是全面进入小康社会的重要工作，金融的差异化、精准化支持必不可少。保供给，强调抓好粮食生产，加快恢复生猪生产，金融需要加大对粮食生产及生猪产业链、生猪市场体系完善的支持力度。保增收，根本还是农业产业发展问题，包括对农村新型经营主体的培育，特别是对农村新兴产业主体的支持，财政和金融政策的协同创新很重要，相关政策的针对性、有效性有待提高。同时，要深化农村普惠金融服务，大力支持富民乡村产业的发展，推进产业融合、产业体系的完善，优化农业产业结构。

农村金融服务需要完善机构体系、完善产品服务体系，同时，货币政策需继续发力。深化农村普惠金融服务，需要扩大服务的广度，增强服务的深度。经过近几年农村金融改革的推进，服务的广度已取得较好进展，但尚需进一步拓展。例如，在一些被称为"熟悉而陌生"的领域，基于新技术、新模式的经营主体，还很难获得信贷服务，一些为农村新型经营主体提供服务的社会化服务机构，其资金需求是明确的，但同样也很难获得信贷服务。因此，从服务的深度上，需要进一步深化惠及小微及"三农"的金融服务。

二、金融与财政要充分协同

金融在这个方面的发力要与财政充分协同，与社会资本展

开有效合作，这就涉及政策性金融与财政政策的配合问题，也包含金融如何参与 PPP 项目。其实，农村基础设施一直在"补短板"，当前，很多农村地区的道路、土地整治等方面已做得不错，下一步是如何进一步完善、优化和补缺的问题。尤其是在农村人居环境改善、生态治理方面的投入需要加大，要探索构建农村绿色信贷服务体系，完善农村绿色信贷服务的产品体系和服务机制。

三、金融扶贫要以支持产业主体为抓手

过去几年来，金融支持脱贫攻坚的政策体系、产品服务体系以及财政和金融的配合机制，总体上是比较完善的，金融支持脱贫攻坚的效果也是显著的。

但脱贫攻坚最后阶段面临的任务是很艰巨的，具体表现为：

其一，最后涉及脱贫的难度更大，换言之，解决还没有脱贫群体的脱贫难度更大。金融的支持绝不是简单发放扶贫贷款，必须以支持产业主体为抓手，让这些主体发挥其脱贫的带动作用，培育农村创业者，带动贫困群体增收。

其二，金融机构应进一步改进农户信用评级体系，通过业务下沉，惠及更广泛的弱势群体，使弱势群体有机会获得信贷，增加贷款的可获得性，弱势群体更需要的是机会。同时，金融供给方需进一步完善评价机制，扩大整体授信面。

四、农村信用社改革需要联合与合作机制的建立

农村信用社领域的改革，至少要从两个方面来深化：其一，省联社机制需要进一步完善；其二，农村商业银行、农信社面临转型，这包括业务转型、经营机制转型及数字化转型。

从乡村振兴战略的实施来看，农信机构是供给端的主力，乡村振兴是个艰巨的系统性工程，围绕这个工程的转型是农信社改革的重要依据。

总体来说，农信社改革需要联合与合作机制的建立，这是

基于数字化时代的需要。对于很多小银行而言，做好转型，需要大平台的支持，传统的增长模式已很难持续下去。构建联合与合作的机制不是简单的业务合作，在保持县域小法人地位不变的前提下，既存在吸收合并的可能，也要在科技、资源、市场等方面走联合与合作的道路，只有建立新型的合作机制，农信社改革才会取得预期的效果，才会真正成为支持乡村振兴的重要力量。

第二节　涉农保险

农业保险作为脱贫攻坚的重要政策工具和实现小康的重要抓手，在近十多年农业和农村发展中，为农户稳收和增收贡献了行业的力量，受到投保农户的欢迎，也得到各级政府的充分肯定。在当前乡村振兴新时期，农业保险担负着义不容辞的责任。

第三节　特殊群体社会保障政策

残疾人的护理服务一直是近些年国家关注的重点，由专门的机构照顾好残疾人，既能够让家庭劳动力得到解放，还能让残疾人得到专业的康复治疗。在农村社会养老保险工作不断向深度和广度发展的过程中，农村残疾人的投保远远低于健全人的投保比例。在残疾人中，丧失或部分丧失劳动能力者居多，未婚独居者居多，对集体、家庭的依赖相对要强。因此，残疾人的养老矛盾就显得格外突出。那么，如何抓好农村残疾人的养老保险保障？

针对农村残疾人服务不平衡、不充分的矛盾，中央一号文件指出，多形式建设日间照料中心，改善失能老年人和重度残疾人护理服务。文件提出，对特殊贫困群体，要落实落细低保、医保、养老保险、特困人员救助供养、临时救助等综合社会保障政策，实现应保尽保。各级财政要继续增加专项扶贫资金，中央财政新增部分主要用于"三区三州"等深度贫困地区。优化城乡建设用地增减挂钩、扶贫小额信贷等支持政策。

第四节 农业生产发展与流通

一、耕地地力保护补贴

补贴对象原则上为拥有耕地承包权的种地农民。补贴资金通过"一卡（折）通"等形式直接兑现到户。各省（自治区、直辖市）继续按照《财政部、农业部关于全面推开农业"三项补贴"改革工作的通知》要求，并结合本地实际具体确定补贴对象、补贴方式、补贴标准，保持政策的连续性、稳定性，确保广大农民直接受益。鼓励各地创新方式方法，以绿色生态为导向，探索将补贴发放与耕地保护责任落实挂钩的机制，引导农民自觉提升耕地地力。

二、农机购置补贴

各省（自治区、直辖市）在中央财政农机购置补贴机具种类范围内选取确定本省补贴机具品目，实行补贴范围内机具应补尽补，优先保证粮食等主要农产品生产所需机具和支持农业绿色发展机具的补贴需要，增加畜禽粪污资源化利用机具品目。对购买国内外农机产品一视同仁。补贴额依据同档产品上年市场销售均价测算，原则上测算比例不超过30%。

三、优势特色主导产业发展

围绕区域优势特色主导产业，着力发展一批小而精的特色产业集聚区，示范引导一村一品、一镇一特、一县一业发展。选择地理特色鲜明、具有发展潜力、市场认可度高的200个地理标志农产品，开展保护提升。实施绿色循环优质高效特色农业促进项目，形成一批以绿色优质农产品生产、加工、流通、销售产业链为基础，集科技创新、休闲观光、种养结合的农业产业集群。承担任务的相关省份从中央财政下达预算中统筹安排予以支持。

四、国家现代农业产业园

立足优势特色产业，聚力建设规模化种养基地为依托、产业化龙头企业带动、现代生产要素聚集、"生产+加工+科技"的现代农业产业集群。

五、农业产业强镇示范

以乡土经济活跃、乡村产业特色明显的乡镇为载体，以产业融合发展为路径，培育乡土经济、乡村产业，规范壮大生产经营主体，创新农民利益联结共享机制，建设一批产业兴旺、经济繁荣、绿色美丽、宜业宜居的农业产业强镇。中央财政通过安排奖补资金予以支持。

六、信息进村入户整省推进示范

加快益农信息化建设运营，尽快修通修好覆盖农村、立足农业、服务农民的"信息高速公路"。信息进村入户采取市场化建设运营，中央财政给予一次性奖补。

第五节　农业资源保护利用

一、渔业增殖放流

在流域性大江大湖、界江界河、资源退化严重海域等重点水域开展渔业增殖放流，促进恢复或增加渔业种群的数量，改善和优化水域的渔业种群结构，实现渔业可持续发展。

二、渔业发展与船舶报废拆解更新补助

按照海洋捕捞强度与资源再生能力平衡协调发展的要求，支持渔民减船转产和人工鱼礁建设，促进渔业生态环境修复。适应渔业发展现代化、专业化的新形势，在严控海洋捕捞渔船数和功率数"双控"指标、不增加捕捞强度的前提下，有计划升级改造选择性好、高效节能、安全环保的标准化捕捞渔

船。同时，支持深水网箱推广、渔港航标等公共基础设施，改善渔业发展基础条件。

三、长江流域重点水域禁捕补偿

中央财政采取一次性补助与过渡期补助相结合的方式，对长江流域重点水域禁捕工作给予支持，促进水生生物资源恢复和水域生态环境修复。其中，一次性补助由地方结合实际统筹用于收回渔民捕捞权和专用生产设备报废，直接发放到符合条件的退捕渔民。过渡期补助由各地统筹用于禁捕宣传动员、提前退捕奖励、加强执法管理、突发事件应急处置等与禁捕直接相关的工作。

第六节　农业科技人才支撑

一、农民合作社和家庭农场能力建设

支持县级以上农民合作社示范社及农民合作社联合社高质量发展，培育一大批规模适度的家庭农场。支持农民合作社和家庭农场建设清选包装、冷藏保鲜、烘干等产地初加工设施，开展"三品一标"、品牌建设等，提高产品质量安全水平和市场竞争力。

二、农业信贷担保服务

重点服务家庭农场、农民合作社、农业社会化服务组织、小微农业企业等农业适度规模经营主体。充分发挥全国农业信贷担保体系作用，重点聚焦粮食生产、畜牧水产养殖、菜果茶等农林优势特色产业，农资、农机、农技等农业社会化服务，农田基础设施，以及农村一二三产业融合发展、精准扶贫项目，家庭休闲农业、观光农业等农村新业态。支持各地采取担保费补助、业务奖补等方式，降低适度规模经营主体融资成本，解决农业经营主体融资难、融资贵的问题。

三、基层农技推广体系改革与建设

支持实施意愿高、完成任务好的农业县承担体系改革建设任务，强化乡镇为农服务体系建设，提升基层农技人员服务能力和水平，推广应用一批符合优质安全、节本增效、绿色发展的重大技术模式。在贫困地区全面实施农技推广服务特聘计划，从农业乡土专家、种养能手、新型农业经营主体技术骨干、科研教学单位一线服务人员中招募一批特聘农技员，为产业扶贫提供有力支撑。

第七节　农业防灾减灾

一、农业生产救灾

中央财政对各地农业重大自然灾害及生物灾害的预防控制、应急救灾和灾后恢复生产工作给予适当补助。支持范围包括农业重大自然灾害预防及生物灾害防控所需的物资材料补助，恢复农业生产措施所需的物资材料补助，灾后死亡动物无害化处理费，牧区抗灾保畜所需的储草棚（库）、牲畜暖棚和应急调运饲草料补助等。

二、动物疫病防控

中央财政对动物疫病强制免疫、强制扑杀和养殖环节无害化处理工作给予补助。强制免疫补助经费主要用于开展口蹄疫、高致病性禽流感、小反刍兽疫、布病、包虫病等动物强制免疫疫苗（驱虫药物）采购、储存、注射（投喂）以及免疫效果监测评价、人员防护等相关防控工作，以及对实施和购买动物防疫服务等予以补助。国家在预防、控制和扑灭动物疫病过程中，对被强制扑杀动物的所有者给予补偿，补助经费由中央财政和地方财政共同承担。国家对养殖环节病死猪无害化处理予以支持，由各地根据有关要求，结合当地实际，完善无害化处理补助政策，切实做好养殖环节无害化处理工作。

三、农业保险保费补贴

在地方财政自主开展、自愿承担一定补贴比例基础上，中央财政对水稻、小麦、玉米、棉花、马铃薯、油料作物、糖料作物、能繁母猪、奶牛、育肥猪、森林、青稞、牦牛、藏系羊和天然橡胶，以及水稻、小麦、玉米制种保险给予保费补贴支持，农民自缴保费比例一般不超过20%。继续开展并扩大农业大灾保险试点，保障水平覆盖"直接物化成本+地租"，保障对象覆盖试点地区的适度规模经营主体和小农户。

第三章　农业生产关键技术

第一节　粮油作物

一、水稻

（一）培育壮秧

1. 壮秧标准

适龄移栽的秧苗，其壮秧标准在形态指标上有如下表现。

（1）秧苗生长均匀，整齐一致。

（2）苗挺有劲，叶片青绿正常，生长健壮。

（3）假茎（秧身）粗壮，分蘖发生早、节位低，移栽时带1~2个分蘖。

（4）根多而白，没有黑根，没有病虫害。

（5）秧龄适当，一般不超过8片叶。

2. 旱育稀植技术

（1）做床与苗床处理。1亩（15亩＝1hm²，全书同）本田备30~35 m²秧床，播前1~2 d完成做床。秧田畦宽1.2~1.5 m，床土深翻20 cm。苗床每平方米施腐熟有机肥10 kg、尿素20 g、磷肥200 g、钾肥40 g，硫酸锌、硫酸亚铁各10 g，将肥料与10 cm深床土拌匀，均匀施于翻耙平整的苗床上，用耙子搅匀，混拌于2 cm深表土中，然后浇透水，以待播种。出苗后2.5叶期施"断奶肥"，每亩用尿素5 kg，移栽前4~5 d施"送嫁肥"，每亩用尿素5 kg。

（2）种子处理与浸种催芽。种子纯度98%以上，发芽率

80%以上，净度不低于98%，含水量不高于13%。播前晒种2~3 d，用2%生石灰水或乙蒜素或咪鲜胺浸种，杀菌消毒，预防恶苗病等病害，然后淘净催芽1~2 d。当有80%种子破胸露白时即可播种。

（3）适时播种。要在5月上旬播种结束，最迟不超过5月12日。

（4）控制播量。坚持每平方米苗床播芽种120~130 g，每亩本田用种量3~4 kg。播后轻压，使种子三面入土，再覆盖1 cm厚营养土，以利谷粒吸水、增温，促进扎根、壮苗。

（二）大田管理

1. 科学施肥

（1）大田施肥应遵循配方施肥的原则。增施有机肥，控氮、增磷，补钾、硅、锌肥，早施分蘖肥。

（2）本田施肥。每亩施腐熟农家肥3 m^3 左右，全生育期亩施尿素30~35 kg、过磷酸钙50~70 kg、钾肥10~15 kg、硅钙磷肥50 kg、硫酸锌2 kg。磷、钾、硅、锌肥一次性底施。氮肥施用方法：底追各半，插秧后30 d内施追肥量的70%~80%。栽秧后3~5 d撒尿素5 kg，促进返青，7~10 d撒尿素10~12 kg，促进分蘖，栽后25 d追尿素5 kg左右，促进穗生长，收获30 d内严禁施用任何化学肥料。

2. 整地

小麦收获后，要及时灭茬，趁墒耕翻，放水泡田。一般要求深翻18~20 cm，结合深翻，增施有机肥，培肥地力。稻田整地以水整地为主，水旱结合，提高田块平整度，做到"高低不过寸，寸水不露泥，灌水棵棵到，排水处处干"。

3. 优化栽插方式，建立合理群体结构

抢时插秧，立夏插秧结束。扩行距、缩株距，减少穴基本苗。行、穴距配置（9~10）寸×（3~4）寸（1 寸≈3.33 cm。全书同），每穴插 3~4 苗，每亩基本苗 5 万~7 万株，最高群体 33 万~40 万株/亩（500~600 株/m²），成穗 26 万~28 万穗/亩，穗实粒数 105~120 粒，应用低群体、壮个体、高光效、高积累的策略。

4. 科学灌水

（1）灌水原则。坚持"大水泡田、浅水插秧、寸水活棵、薄水分蘖、够苗晒田、深水抽穗、干湿灌浆"的原则。

（2）灌水。插秧后 25~30 d 群体达到 500~600 株/m² 时，排水晒田，晒到拔节期。

（3）排水。排水晒田的基本原则：一是苗到不等时，每亩总茎数达到预期穗数的 1.2~1.3 倍时开始晒田，高产田块提倡够苗晒田；二是时到不等苗，栽秧后 25~30 d 开始晒田，长势旺、土质烂、泥脚深的早晒、重晒，晒 7~10 d，长势差的迟晒、轻晒，晒 5~7 d。拔节后间歇灌水，抽穗前后保持 3~6 cm 深水层，齐穗后干湿交替，以湿为主，湿润灌浆，收获前 7 d 排水落干。

（三）病虫害防治

（1）赤枯病。每亩用硫酸锌 200 g 蘸秧根或在浅水管理的基础上发病初期每亩用硫酸锌 200 g 兑水喷雾。

（2）稻瘟病。发病初期用 40% 硫环唑 150~200 g/亩或 75% 三环唑 20~30 g/亩兑水喷雾。特别注意抓好水稻穗颈瘟的预防。

（3）稻曲病。用 20% 井冈霉素 50 g/亩，抽穗前 10~20 d 兑水喷雾。

（4）白叶枯病。发病初期用 25% 叶枯宁 100~150 g/亩或溃枯宁 100 g/亩兑水喷雾。

（5）水稻黏虫、蝗虫。在 1~2 龄期用生物农药 Bt 或辛硫磷兑水喷雾。

（6）水稻田鼠害。用 0.5% 溴敌隆毒饵 250 g/亩进行防治。

（四）收获贮藏

当水稻黄熟谷粒达到 95% 时，即籽粒灌浆完熟期及时收获，防止养分倒流。稻谷收获及时晒干，在含水量低于 14% 时贮存，以免霉烂、变质。

二、小麦

（一）提高播种质量

抓好播种环节技术的配套应用，确保壮苗安全越冬，是实行规范化管理的基础。

1. 高标准精细整地

精细整地的标准是"深、净、细、实、平"。要大力推行机耕深耕，耕深 7~8 寸，打破犁底层，特别是玉米秸秆还田的麦田，一定要深耕掩埋。机耕后配合机耙，耙细、耙实、耙透，消除明暗坷垃，拾净根茬，上虚下实，平整作畦，为小麦生长创造良好的土壤环境。

2. 科学平衡施肥

平衡施肥的原则：重施有机肥，稳施氮肥和磷肥，补施钾肥，配施微肥，玉米秸秆实行全部还田。要求底肥每亩施农家肥 4 m^3 以上，亩施纯氮 12~14 kg（折合尿素 25~30 kg），五氧化二磷 6~9 kg（折合 12% 磷肥 50~75 kg），氧化钾 4~6 kg（折合 60% 氯化钾 7.5~10 kg），硫酸锌 2 kg，以上磷肥、钾肥一次性底施，氮肥 50%~60% 底施，40%~50% 于起身期至拔节期结合浇水追施；施用磷肥时，要尽量条施、沟施，一般用 2/3 底施，1/3 用于耙地时撒垄头，以提高肥料利用率。

3. 确保足墒下种

播种时 0~20 cm 土壤耕层含水量：淤土 20%~22%，两合土 18%~22%，砂壤土 16%~20%，即"手握成团、落地即散"的标准。若达不到上述指标，要根据生产条件，浇好底墒水或塌墒水，以利于实现一播全苗。

（二）科学管理

1. 加强中耕

冬前要普遍中耕 1~2 遍，对长势较旺、群体偏大的麦田，要深中耕 2~3 寸；返青后再中耕 1~2 遍。弱苗麦田划锄要浅，防止伤根和坷垃压苗。

2. 浇水

11 月下旬至 12 月上旬，根据土壤墒情，浇好越冬水，要小水细浇，做到春旱冬抗，保证壮苗安全越冬。返青后要看墒情、苗情等进行浇灌，浇灌时不要大水漫灌，以当天浇水、当天渗完为好，防止大量存水，延缓地温升高。浇水后要及时中耕，破除板结，保墒增温。

3. 施肥

返青后，根据苗情施用肥料，二、三类苗可结合中耕每亩追施尿素 7~10 kg，拔节期再追施 10 kg，一类苗，返青后只中耕不追肥，到拔节期结合浇水，一次性施入尿素 15 kg；未施底肥的稻茬麦田，每亩追施配方肥 20~25 kg，以满足小麦生长发育的需要。目前，在小麦上重点推广了小麦氮肥后移技术，增产效果明显。主要技术要点：将氮素化肥的底肥比例减少到 50%，追肥比例增加到 50%，土壤肥力高的麦田底肥比例为 30%~50%，追肥比例增加到 50%~70%；同时将春季追肥时间后移，一般后移至拔节期。

（三）病虫害的防治

小麦全蚀病：小麦返青期至拔节前，每亩用 20% 三唑酮乳油 100 g，或 15% 三唑酮可湿性粉剂 150 g，兑水 50~70 kg，用拧掉旋水片的喷雾器顺垄喷浇小麦根部，效果十分明显，并可兼治小麦纹枯病。

小麦白粉病和锈病：每亩用 20% 粉锈宁乳剂 50 g，兑水 60~70 kg，在发病始期喷雾。

小麦蚜虫：每亩用 10% 吡虫啉或 3% 啶虫脒可湿性粉剂 10 g，兑水 50~60 kg 喷杀。

小麦红蜘蛛：每亩用 2% 阿维菌素 15 ml，兑水 30~40 kg 喷雾，并兼治灰飞虱，预防丛矮病。

（四）适时收获

高产小麦要在蜡熟末期适时收获。收获晚了容易造成掉头落粒或遭受雨淋，粒重、粒色、产量和品质下降。推广机收，联合收割机收获要防止机械混杂，做到颗粒归仓。

三、高粱

（一）选地、选茬、整地

1. 选地

高粱具有抗旱、耐涝、耐盐碱、耐瘠薄、适应性广等特点，对土壤的要求不太严格，在砂土、壤土、砂壤土、黑钙土上均能良好生长。但是，为了获得产量高、品质好的种子，高粱种子种植田应设在地势平坦、阳光充足、土壤肥沃、杂草少、排水良好、有灌溉条件的田块上。

2. 选茬

轮作倒茬是高粱增产的主要措施之一。高粱种植忌连作，连作一是造成严重减产，二是病虫害发生严重。高粱植株生长高大，根系发达，入土深，吸肥力强，一生从土壤中吸收大量的水分和养分，因此合理的轮作方式是高粱增产的关键，最好前茬是豆科作物。一般轮作方式为：大豆—高粱—玉米—小麦或玉米—高粱—小麦—大豆。

3. 整地

为保证高粱全苗、壮苗，在播种前必须在秋季前茬作物收获后抓紧进行整地作垄，以利于蓄水保墒，延长土壤熟化时间，达到春墒秋保、春苗秋抓的目的。结合施有机肥，耕翻、耙压，要求耕翻深度在 20~25 cm，有利于根深叶茂，植株健壮，获得高产。在秋翻整地后必须进行秋起垄，垄距以 55~60 cm 为宜。早春化冻后，及时进行一次耙、压、耢相结合的保墒措施。

(二) 选种及种子处理

播前种子处理是提高种子质量，确保全苗、壮苗的重要环节。

1. 选种、晒种

播种前选种可将种子进行风选或筛选，淘汰小粒、瘪粒、病粒，选出大粒、籽粒饱满的种子作生产用种，并选择晴好的天气，晒种 2~3 d，提高种子发芽势，播后出苗率高，发芽快，出苗整齐，幼苗生长健壮。

2. 药剂拌种

在播种前进行药剂拌种，可用 25%三唑酮可湿性粉剂，按种子重量的 0.3%~0.5%拌种，防治黑穗病，也可用 3%呋喃丹或 5%甲拌磷，制成颗粒剂与播种同时施下，防治地下害虫。

(三) 适时播种

高粱要适时早播、浅播，掌握好适宜的播种期及播种量是确保苗全、苗齐、苗壮的关键。影响高粱保苗的主要因素是温度和水分，高粱种子的最低发芽温度为 7~8 ℃，种子萌动时不耐低温，如播种过早，易造成粉种或霉烂，还会造成黑穗病的发生，影响产量，因此要适时播种。

要依据土壤的温湿度、种植区域的气候条件以及品种特性选择播期。一般土壤 5 cm 内地温稳定在 12～13 ℃、土壤湿度在 16%～20%播种为宜，土壤含水量达到"手攥成团、落地散开"时可以播种。

（四）间苗定苗

高粱出苗后展开 3～4 片叶时进行间苗，5～6 片叶时定苗。间苗时间早可以避免幼苗互相争养分和水分，减少地方消耗，有利于培育壮苗；间苗时间过晚，苗大根多，容易伤根或拔断苗。低洼地、盐碱地和地下害虫严重的地块，可采取早间苗、晚定苗的办法，以免造成缺苗。

（五）病虫害防治

1. 高粱黑穗病

轮作是防治黑穗病的基本措施，一般实行三年以上轮作。秸秆沤肥，一定要经过高温发酵，充分腐熟，防止肥料带菌。生长期发现病株，应在散粉前及早拔除，并将其烧毁或深埋。选用抗病品种，也可减少发生，如榆杂 1 号、晋杂 5 号、遗杂 10 号、大粒抗 7 等品种。药剂防治：可用禾穗胺拌种，剂量为种子量的 0.5%，有明显的效果。

2. 高粱蚜

该虫为高粱主要害虫。一般发生在 7 月。气温高，连续 20 多天平均气温在 22 ℃以上，干旱少雨，则后期蚜虫就会大发生。药剂防治高粱蚜，可喷 0.5%乐果粉剂 2 000 倍液，或 50%抗蚜威可湿性粉剂 6～8 g，兑水 50～100 kg 喷雾；可也用辛硫磷喷雾进行灭蚜。

3. 地下害虫

地下害虫主要有地老虎、蛴螬、蝼蛄等，采用药剂防治办法：①药剂拌种。用 50%的 1605 乳剂 500 g，加水 20～25 kg，拌种 250~300 kg，防治蝼蛄等。②毒饵诱杀。用 90% 敌百虫 500 g，加水 2.5~5 kg，拌碎食等诱杀。

四、油菜

油菜籽是榨制植物油的主要原料，常言说"三分种七分管"，油菜籽的高产和栽培技术是分不开的。合理有效的栽培技术是提高油菜产量最有力的措施。

（一）整地施肥

油菜种子小，幼芽顶土力较弱。因此要求土壤深厚疏松。前作物收获后应及时深耕 23~25 cm，秋后浅耕打糖，做到土细疏松、地表平整。春油菜生育期短，施肥应以基肥为主。亩施农家肥 2 500 kg、氮肥 11~12 kg、磷肥 6~6.5 kg。氮肥和磷肥比例为 1：0.5，农家肥和磷肥作为底肥，氮肥 2/3 作为底肥、1/3 作为追肥。

（二）轮作倒茬

合理轮作能够减少病虫草害，改善土壤营养状况，提高地力，出苗整齐，生长健壮，可以提高产量。应选小麦及豆类作物为前茬。忌连作，也不宜与其他十字花科作物轮作。

（三）播种

1. 适期早播

按当地气候条件，以日平均气温稳定到 2~3 ℃时进行播种为宜。

2. 合理密植

亩角果数是产量因素中的主导因素，因此，合理密植是高产稳产的关键，根据地力和品种的不同，一般高寒地区亩保苗 2.5 万~3 万株。条播种植亩下种 0.5 kg，将 2.5 kg 尿素和 2.5 kg 磷酸二铵（种肥）与种子混合均匀播入犁沟，行距 20 cm，播深 2~3 cm。针对春油菜区油菜播种后受严重干旱和冻害影响的问题，机械化播种适宜推广的亩播量为 0.5kg，掺和方式为 l2kg 磷酸二铵+20kg 油渣，或 8kg 尿素+10kg 磷酸二铵。

（四）间苗、定苗

油菜籽在苗期应当及时间苗、定苗，这是油菜田间管理极为重要的一环，如不及时间苗，会造成幼苗缺乏营养、植株细弱、提早抽薹等现象，严重影响产量。间苗、定苗是控制密度，保证苗匀、苗壮的重要环节，可以减少高脚弱苗，培育矮壮苗。间苗一般分两次进行，第一次是在苗出齐后长出 2~3 片真叶时进行，去小留大，叶不搭叶；第二次在 4~5 片真叶期按预留密度去弱留强，去病留健，结合补苗，保持苗距 7~10 cm。早播的高肥水平的田块，留苗密度为每亩 2 万株左右，迟播的中等以下水平的田块，留苗密度为每亩 2.5 万株左右。播种量小的可只间一次苗。

（五）早施苗肥

早施提苗肥可以充分补充营养，促进根、叶生长，达到壮苗。苗期缺氮 15 d 或缺磷 25 d，油菜亩产分别会减少 27.4% 和 27.1%，一般在油菜定苗后亩用尿素 5~7.5 kg，或腐熟人粪尿 10 担加碳酸氢铵 7.5~10 kg，在行间开沟条施或穴施。对旺苗要注意肥水控制，适当进行蹲苗。

（六）重施薹肥

油菜蕾薹期是营养生长和生殖生长的两旺时期，这时施肥要掌握植株稳长、不早衰、不贪青迟熟为原则。对于基肥施用少、苗势较弱、长势较差、叶小、茎细、抽薹早、有早衰趋势的田块要早施重施，即在薹高 4 cm 左右时，每亩施人粪尿 250~300 kg，加 0.2% 的磷酸二氢钾和尿素 4~5 kg 或碳酸氢铵 15 kg 兑水浇施，这样不但能减轻提前抽薹、开花，而且有利于生长发育。对苗势一般或比较好、抽薹时植株叶片大、薹顶低于叶尖的油菜田块，薹肥要迟施、轻施，一般在薹高 13 cm 以上时，每亩用人粪尿 200~250 kg 加碳铵 4~5 kg 泼施，以防脱肥早衰。

（七）病虫害防治

1. 改进和提高栽培技术

注意培育壮苗。适期移栽、施足基肥，适当增施磷、钾肥，合理排灌，注意及时摘除病、老、黄叶等农业技术措施，为油菜的生长创造良好的环境条件，可提高抗各种病害的能力，减少病害发生。

2. 种植抗病品种

各类型的油菜中，品种间抗病性的差异很大，各地都有较多的抗病、耐病品种，可根据各地病害的发生种类，选用抗病、耐病品种进行种植。选定下年种植的品种以后，在油菜成熟期选无病、性状优良的植株，取主轴中段留种。供第二年种植，对减少病害发生、保证油菜丰产非常重要。

3. 药剂防治

（1）苗床或种子消毒。播种期可用绿亨一号、绿亨 2 号或绿亨 7 号进行苗床消毒或拌种。苗床消毒每平方米用绿亨一号 1 g 或绿亨 7 号 2 g，加细土 1 kg，播种后均匀撒入苗床作盖土。绿亨 4 号 5 ml/m^2，兑水 4 kg 喷洒苗床。种子消毒：每千克种子用绿亨一号 1 g 或绿亨 7 号 2 g 拌种，充分拌匀后，随即播种。这是培育无病壮苗的重要措施。移栽前 2~3 d 喷 1 次绿亨 2 号或其他杀菌剂，是减轻大田发病最经济有效的防病措施。

（2）大田防治。大田发生病害可根据病害的发生种类，选用绿亨 2 号、绿亨 6 号进行喷雾防治。施药时间应注意在病害发生初期。在油菜薹高 20~30 cm 和始花期喷施绿亨 2 号

2~3 次，能有效防治菌核病的发生，保护开花、结果。病毒病发生严重的地区，要及时防御蚜虫，并用绿亨 30% 盐酸吗啉胍药肥混剂 900 ~ 1 200 倍液或绿亨 20% 吗胍·乙酸铜 800 ~ 1 000 倍液进行喷雾。

五、玉米

（一）地块的选择

玉米对土壤的要求不严，一般耕层深厚、土壤肥沃、灌排方便的砂壤土更利于玉米生长，容易获得高产优质。

（二）种子处理

（1）种子精选。选用粒大、饱满的种子，机械或人工选粒，除去病斑粒、虫食粒、破损粒、混杂粒及杂质。种子的纯度不低于 98%，净度不低于 99%，发芽率不低于 85%，含水量不高于 13%。

（2）晒种。选择晴天 9: 00—16: 00 进行晒种（不要在铁器和水泥地上晒种，以免烫坏种子），连续晒 2 ~ 3 d，可提早出苗 1 ~ 2 d，出苗率提高 13% ~ 28%。

（3）浸种。玉米用冷水浸种 10 h，比干籽播种发芽快，出苗整齐；微肥浸种可补偿土壤养分，比大田使用方便，如播种前用 0. 01% ~ 0. 1% 硫酸锌、磷酸二氢钾等浸泡 24 h，可促进萌发，提高发芽率。

（4）选用包衣种子。可防止地下害虫和苗期病虫害发生。

（三）播种时期

玉米抢时早播有利于充分利用光热资源，是保证玉米正常生长发育、实现高产的关键措施。

麦垄套玉米：套种玉米播种期早晚根据小麦群体的大小、长势而定，小麦群体大、长势好要晚播，群体小、长势差、苗弱的田块可适当早播。一般在麦收前 7 ~ 10 d 进行播种，以收小麦时不损伤玉米苗及麦收后管理方便为准。

铁茬直播玉米：麦收后及时播种，6 月 10 日之前播种结束。

（四）播种方式

高产田宜采用宽窄行播种，宽行 70~80 cm，窄行 40~50 cm；中产田采用等行距播种，行距 60~65 cm。

机械条播：用免耕播种机进行播种，播前要认真调整播种机的下籽量和落粒均匀度，控制好开沟器的播种深度，做到播深一致，落粒均匀，防止因排种装置堵塞而出现的缺苗断垄现象。

机械精量点播：使用精量点播机进行点播，每穴 1~2 粒。

人工点播：每穴播种 2~3 粒，注意保持株距、行距一致，同时保持播种深度的一致性。

（五）田间管理

1. 及时补苗、间苗、定苗

提高播种质量，保证苗全、苗齐、苗匀是夏玉米高产的基础。生产中如遇特殊情况缺苗断垄严重，要及时补苗。玉米顶土出苗后，需及时查苗，发现缺苗严重，应立即进行补苗，采取移栽补苗或催芽补种的方法。移栽时从田间选取稍大一些幼苗，移栽后立即浇水，保证成活率。

间苗在 3 叶期进行，定苗在 4~5 叶展开时完成，拔除小株、弱株、病株、混杂株，留下健壮植株。定苗时不要求等株距留苗，个别缺苗地方可在定苗时就近留双株进行补偿，必须保证留下的玉米植株均匀一致。为了减少劳动用工，间苗、定苗可一次完成。

2. 灌溉

播种期灌溉，套播玉米在播种前要浇一次水，既有利于小麦灌浆，又有利于玉米出苗。麦茬平播玉米播种时遇干旱，要进行造墒灌溉，每亩 30~40 m^3 水即可，利于保证播种质量。

夏玉米拔节后进入生长旺盛阶段，对水分的需求量增加，尤其是大喇叭口期发生干旱（俗称"卡脖旱"），将影响抽雄和小花分化；抽雄开花期玉米需水量最多，是玉米需水的临界期，此期干旱将影响玉米散粉，甚至造成雌雄花期不遇，降低结实率。因此在大喇叭口到抽雄后 25 d 这一段时间，发生旱情要及时灌溉。

玉米生育后期，保持土壤较好的墒情，可提高灌浆强度，增加粒重，并可防止植株早衰。此期干旱应及时灌水。

3. 中耕

玉米是中耕作物，其根系对土壤空气反应敏感，通过中耕保持土壤疏松利于夏玉米生长发育。夏玉米田一般中耕 2 次，定苗时锄 1 次，10 叶展开时锄 1 次，人工或机械锄地。用除草剂在玉米播种后进行封闭处理的田块或秸秆覆盖的玉米田，可在拔节后到 10 叶展开时进行 1 次中耕松土。

4. 施肥

夏播玉米一般不施有机肥，可利用冬小麦有机肥的后效。夏玉米要普遍施用苗肥，促苗早发。苗肥在玉米 5 叶期施入，将氮肥总量的 30% 及磷钾肥沿幼苗一侧（距幼苗 15~20 cm）开沟（深 10~15 cm）条施或穴施。化肥用量每亩施纯氮 14~16 kg、五氧化二磷 6~9 kg、氧化钾 8~10 kg。在缺锌土壤每亩施硫酸锌 1~1.5 kg。磷肥、钾肥全部基施，氮肥分期施。使用玉米专用长效控释肥时在播种时一次底施。基肥和种肥：全部磷肥、钾肥及 40% 的氮肥作为基肥、种肥在播种时施入，或播种后在播种沟一侧施入。施肥深度一般在 5 cm 以下，不能离种子太近，防止种子与肥料接触发生烧苗现象。

追施穗肥：穗肥有利于雌穗小花分化，增加穗粒数。在玉米大喇叭口期（株高 1 m 左右，11~12 片展开叶）将总氮量的 60% 在根际施入。

补施粒肥：玉米后期如脱肥，用 1% 尿素 +0.2% 磷酸二氢钾进行叶面喷洒。喷洒时间最好在 16:00 后。高产田块也可在抽雄期再补施 5~7 kg 尿素。

（六）病虫害防治

玉米褐斑病发病开始时，每公顷使用 70% 甲基硫菌灵 1 000 倍液，或 25% 三唑酮可湿性粉剂 1 500 倍液，或 12.5% 的禾果利粉剂 1 000 倍液进行喷雾。如果将玉米小斑病、大斑病结合在一起进行防治，可喷洒 25% 苯菌灵乳油 800 倍液。当玉米出现弯孢菌叶时，可添加适量的 5% 退菌特，注意每间隔 7 d 用 1 次药，一般连续使用 2~3 次即可。玉米纹枯病田间发病开始时，在玉米基部喷洒由水和 112.5 g 井冈霉素可溶性粉剂组成的药液或者井冈霉素水剂，根据病情的发展连续喷洒 2~3 次，每次间隔大约 7 d。

六、马铃薯

马铃薯可以炒、炸、烹成各种菜肴，尤其加工成薯条、薯片，口味很好，备受消费者青睐。同时又是制造淀粉、粉条和酿酒的材料，食后不仅可以供给人们足够的热量和营养，而且易于消化、健脾养胃、补气健身，对于胃溃疡、习惯性便秘、流行性腮腺炎等均有益处。

（一）精心选地

土地是马铃薯生长的基础，也是马铃薯优质丰产的前提。马铃薯是地上开花、地下结果的作物，所以对土壤通气条件要求较高。一般种植地块要求：地势上岗通风、土壤疏松肥沃、土层深厚、质地偏砂壤、地涝能排、地旱能溉的微酸性的土壤地为好。因为这样的地块，土壤质地疏松，保水保肥，通气排水性能好，不仅有利于栽种后的马铃薯发芽和出苗，而且能较多地提供生长发育的营养元素。同时春季温度上升快，秋季保温好，而且对地上部和地下部生长都极为有利。

（二）精细整地

马铃薯根系和块茎生长对氧气有着很高的要求。一般在苗期按照 1 g 干根每小时耗氧 6.7~12.0 ml 计算，是其他作物耗氧的 5~100 倍，所以在整地上要始终以通气为中心，因地制宜开展。整地主要是深翻和耙压，深翻最好是在秋天进行。如果时间来不及，也可在翌年的早春进行，但以秋季深翻为最好，原因是地翻的越早，越有利于土壤熟化和暴晒壮垡，使之可接纳冬春雨雪，有利于蓄墒保墒；并能把草籽深埋，减少杂草危害，同时还能破坏害虫的栖息场所，冻死害虫。一般深翻要求达到 20~25 cm。为了防治春旱，要求无论秋翻和春翻地，都应当从早春开始，做好系列耙压工作，达到地平、土细、地暄、上虚下实，无坷垃、无根茬，以起到通气保墒的作用。

（三）科学施肥

肥是庄稼的粮食。马铃薯是高产喜肥作物，尤其是需钾作物。一般每生产 1 000 kg 马铃薯需吸收氮 5~6 kg、磷 1~3 kg、钾 12~13 kg，氮：磷：钾为 2：1：4，是马铃薯生长发育中的"三要素"。氮能促进茎叶繁茂，光合作用旺盛，加速有机物积累；磷能促进新生组织发生，有机物质的合成，避免薯块的空心；钾能强株健枝，促进体内营养运输，增强抗逆性。因此，要实现马铃薯优质高产，科学施肥是重点。马铃薯施肥的原则：以农肥为主、化肥为补充，施肥方法以基肥为主、追肥为辅。

（四）种薯处理

种薯处理是马铃薯栽培中的重要环节，科学处理种薯可增产 30%以上，有的成倍增长。常用的方法是困种、晒种、切块。具体如下。

困种：就是把出窖后经过严格挑选的种薯，装在麻袋、塑网袋里，或用席帘等围起来，还可以堆放于空房子、日光温室和仓库等处，使温度保持在 10~15 ℃，有散射光线即可，经过 15 d 左右，当芽眼刚刚萌动见到小白芽锥时，就可切块播种。

晒种：就是在种薯数量少，又有方便地方的情况下，可把种薯摊开为 2~3 层，摆放在光线充足的房间或日光温室内，使温度保持在 10~15 ℃，让阳光晒着，并经常翻动，当薯皮发绿、芽眼睁开萌动时，就可以切芽播种。

采用困种和晒种的作用，是提高种薯体温，供给足够氧气，促使解除休眠，促进发芽，经统一发芽，进一步淘汰病劣薯块，使出苗整齐一致，不缺苗，出壮苗。

切块：马铃薯用切块薯播种的不仅可以节省种薯，且可促进种薯早发芽、早出苗。需要注意的是，切块不能太小，要保证薯块达到 50 g 左右，最小的也不能低于 30 g。因为薯块是幼苗的营养库，"母肥子壮"。切块一般要求把薯肉都切到芽块上，方法：50 g 的小薯整薯播；60~100 g 的种薯，可以从顶芽一分为二；110~150 g 的种薯，先从尾部 1/3 处切一刀，然后再从顶芽处劈开，这样就切成了 3 块；160~200 g 种薯，从横、纵 "十" 字形劈开，分成 4 块。切块一般在播前 1~2 d 进行，切开后应先在草木灰中拌种，然后摊放在室内或装入透气袋，以使切口愈合。切时要用两把刀，准备一个罐头瓶，装上 500 倍的多菌灵液，把不用刀泡在药液中，一旦切到病薯，即把病薯扔掉，把切过的刀泡入药液中消毒，同时换上在药液里浸泡的刀。

（五）病虫害防治

蚜虫：2.5%万里旺 1 号（或 2 号）稀释 500 倍，或 24%万灵水剂稀释 500 倍、3%啶虫脒乳油稀释 800 倍、30%农尔旺乳油稀释 500~800 倍进行叶面喷雾。

马铃薯块茎蛾：选用无虫种薯，避免马铃薯与烟草等茄科作物长期连作。清洁田园，结合中耕培土，避免薯块外露招引成虫产卵为害。在为害世代成虫盛发期喷药，用 4.5% 绿福乳油 1 000~1 500 倍液或 24% 万灵水剂 800 倍液。

晚疫病：为真菌性病害，典型症状是感病叶面有黄褐色或黑色病斑，雨后或露水刚干时叶背有白霉。发现中心病株应及时清除；发病初期选用 50% 用功悬浮剂 500 倍液或 64% 田亮可湿性粉剂 500~600 倍液。

地老虎：主要危害幼苗，咬断近地面的茎基部，使植株死亡。防治方法：秋翻、秋耙，破坏其越冬场所，可杀死大量幼虫和卵，减少越冬基数。中耕灭虫。铲除地边、田埂边杂草。设置糖蜜诱杀器或黑光灯诱杀成虫。药剂防治：用稻诺、辛硫磷、敌百虫等药液防治。

病毒病：发病后主要表现为皱缩花叶病和卷叶病两种。防治方法：加强栽培管理。加大行距，缩小株距，高垄深沟，施足基肥，增施磷、钾肥，合理灌水，及时拔除病株，减轻发病。马铃薯出苗后，立即喷药，防治蚜虫。药剂防治：用 1.5% 的植病灵 1 000 倍液加 20% 的病毒 A 600 倍液喷雾，每隔 7 d 喷 1 次，连喷 3~4 次，防病效果较好。

（六）收获贮藏

1. 收获

马铃薯成熟的标志：大部分茎叶由绿色逐渐变黄转枯，这时茎叶中养分基本停止向块茎输送；块茎与着生的匍匐茎容易脱离。但马铃薯不像禾本科作物，可根据实际情况随时收获。只要注意在翻、捡、装、卸、运等各个环节中，尽量避免块茎损伤，而且要防止日光长时间暴晒使薯皮变青，防止雨淋和受冻。

2. 贮藏

一是提倡新薯入窖前应把老窖打扫干净，并用消毒液喷一遍灭菌后才可存放新薯。二是在入窖时严格剔除病、伤和虫咬的块茎，防止发病。三是入窖厚度不能太高。一般不耐贮藏、易发芽的品种堆高为 50~100 cm，耐贮藏、休眠期长的为 150~200 cm。同时还要考虑容积，一般贮藏总量占全窖容积总量的一半为好。四是通风换气，经常保持块茎有正常的生理活动。

七、谷子

（一）轮作倒茬

俗语说："重茬谷，守着哭"。谷子不宜重茬，重茬一是会病虫害发生加重，尤其是土传病害的白发病和在根茬越冬的粟灰螟，均会大量繁衍流行。二是会加重恶性杂草的蔓延危害，如谷莠增多、自然传粉变异，使个体基因杂合性，导致群落的自发演替，从而加剧防除的难度。三是大量消耗土壤中同种营养和同层土壤养分，致使谷子生长所需的养分缺乏，产量品质的降低。四是连年种谷，谷茬烂不了、除不尽，会影响播种质量，造成缺苗断垄。为此谷子要获得优质高产，必须轮作倒茬。一般说来，谷子种植田间最好相隔 2~3 年，前茬依次为豆类、薯类、麦类、玉米、高粱、油菜等茬口为好。

（二）精耕细作

谷子粒小，相对内贮营养少，要保证谷子及时出苗补充营养，必须精心整地。谷子一般均种在旱地，出苗所需水分主要靠自然降水，因此，要做好蓄水保墒。一是在前茬作物生长期间，要有意识地趁雨季到来之际，在作物行间中耕松土，充分接纳雨季降水。二是待秋作物收获后，立即去茬，铺施底肥、深耕壮垡。一般要求耕翻深度在 25 cm 左右，耕后抓紧耙地保墒，入冬后镇压，这样可以良好地压碎坷垃，弥合地缝，减少下层土壤的水分蒸发。土壤化冻时要及时进行顶凌耙耱，促使表层土壤细碎、沉实和土壤毛细管移位，保住返浆水。直至播种前都要做到遇雨必耙。总之，通过中耕蓄墒、镇压提墒、耙耱保墒的三墒整地法，实现谷子全苗满垄。

（三）科学施肥

肥料的施用时间，除留 50% 的氮肥作追肥外，最好是结合秋耕一次施入，但氮肥要选用长效碳酸，磷肥用过磷酸钙与农家肥混合沤制后一次性施入。这样施肥的好处：一是结合耕作，创造深厚、松软、肥沃的土壤耕层，增加土壤团粒结构，增加土壤的通透性，改善土壤理化性状。二是促进根系发育，扩大吸收面积，可有效地增加地力的缓冲能力，为中后期生长发育打下坚实的基础。三是养分全面，肥劲稳，且持续时间长，能源源不断地供应养分，利于谷苗苗壮成长、幼穗分化，增加穗粒重、缓和后期脱肥现象等。

（四）田间管理

谷子一生分可分为发芽、幼苗、拔节、抽穗、开花、灌浆、成熟 7 个时期，但根据操作管理，生产上多归并为 3 个大的生长发育时期：生育前期、生育中期和生育后期。

1. 前期管理

从播种到拔节，要经历 55~60 d 时间。此期是谷子的营养生长阶段，是苗质量的决定期。此期的生长中心是促根壮，主攻方向是：保证全苗，促进根系生长，培育壮苗。管理措施是保全苗、促壮苗。

2. 中期管理

谷子从拔节到抽穗称为生育中期，时间 25~30 d。此期是营养生长和生殖生长并进时期，是生长最旺盛的时期，此期的中心是以促为主，主攻方向是促壮根、抓壮秆、保大穗。管理措施是中耕、追肥。

3. 后期管理

从抽穗到籽粒成熟期称为生育后期，要经历 40~50 d。此期是以籽粒形成为中心，主攻的方向：粒多、粒饱、粒重。管理的原则是防旱、防涝、防早衰。管理措施是根外喷磷、防旱排涝和防治病虫害。

（五）病虫害防治

谷子的主要病害有谷子白发病、谷子锈病、谷瘟病、谷子叶斑病及谷子褐条病等。

谷子叶斑病发病初期喷洒 36% 甲基硫菌灵悬浮剂 500~600 倍液，或 50% 多菌灵可湿性粉剂 600~800 倍液，30% 碱式硫酸铜悬浮剂 400 倍液，每隔 10 d 左右喷洒 1 次，连续防治 2~3 次。谷子白发病称刺猬头，用 50% 多菌灵可湿性粉剂 600~800 倍液在抽穗前及扬花后喷雾防治。

谷子锈病可用 15% 粉三唑酮可湿性粉剂 600 倍液进行第一次喷药。每隔 7~10 d 后酌情进行第二次喷药。

谷瘟病发病初期田间喷 65% 代森锰锌 500~600 倍液，或甲基硫菌灵 200~300 倍液喷施叶面进行防治。

谷子主要虫害有粟灰螟（钻心虫）、玉米螟、粟茎蝇、黏虫、粟茎跳甲、粟缘蝽、蓟马及蚜虫等。

（六）适时收获

谷子成熟不一致，是陆续成熟的作物，所以适时收获十分重要。收割过晚容易造成落粒和鸟害，影响产量；但收获早了，后期开花的谷粒成熟不好，秕谷粒多，千粒重下降，产量低，影响小米质量。一般以 85% 谷粒成熟收获最好。谷子有后熟作用，收回后不必立即脱粒，可先运到场上垛好，7~10 d 后打场脱粒，这样不仅能进一步促使谷穗整体完熟，而且品质好、产量高。

八、大豆

大豆是当今世界五大作物之一，仅次于小麦、水稻、玉米和大麦。

（一）轮作倒茬

大豆是典型的忌重茬怕连茬作物。因重茬、连茬均会造成作物生长迟缓，植株矮小，叶色黄绿；造成大豆严重减产和品质的下降的原因：一是会造成多种病虫害大发生、大流行，如细菌性斑点病、立枯病、黑斑病、线虫病，以及食心虫大发生、大流行。二是由于根系分泌物有毒害作用，能够抵制大豆的生长发育，降低根瘤菌的固氮能力，造成土壤肥力的下降。三是由于大豆是双高作物，会过度消耗土壤中某种营养，造成氮磷比例严重失调，影响大豆的正常生长发育。为此，一般提倡有 3 年以上的轮作周期。前茬以禾谷类、薯类为好。

（二）精细整地

大豆要求的土壤状况是活土层较深，既要通气良好，又要蓄水保墒，地面还要平整细碎。所以，做好深耕、深翻、破除犁底层，加之，耱耙保墒是大豆苗全苗壮的基础，是大豆高产优质的根本措施。一般要求深耕要达到 18～22 cm，最好在秋季进行，翌年早春立即顶凌耙耱，实现防旱保墒之目的。种植复播大豆，由于前茬多为小麦，小麦收获后多会遇到干旱和抢时播种，往往对深翻和增施有机肥带来困难。所以，提倡麦前深耕一般达到 20 cm 左右，结合增施农家肥料，使土、粪相融，为大豆创造良好的肥力基础。这样在小麦收割后，如果土壤墒情好，就可抓紧犁耕耙耱和播种；如果在土壤墒情不足的情况下，则以浅耕灭茬、抢墒早播为主。即便遇到久旱地干，亦可运用借墒、点种等办法，做到不误农事。

（三）施足底肥

大豆是需肥多的作物，它的需氮量是谷类作物的 4 倍，而且是全生育期的吸肥作物。一般每生产 100 kg 大豆籽粒，需要从土壤中吸收 9.5 kg 氮（N）、2.0 kg 磷（P_2O_5）、3.0 kg 钾（K_2O）。为此根据吸肥特点和需肥规律，为满足大豆生长发育对养分的需要，必须坚持以基肥为主、种肥为辅、看苗追肥的原则。提倡大量增施农家肥，因为农家肥属于完全肥料，含有较多的有机质，肥劲稳、肥效长，能在较长时期内持续供应大豆的营养需要。所以，要求每亩应施优质农家肥 2 500 kg 以上；复播田多在前作结合深翻施农家肥，用量需在 3 500 kg 左右。在化肥的施用上，做到一茬作物一茬肥。时常考虑的是氮、磷。氮肥后期根瘤菌可提供，磷肥在土中移动性小，所以这两种肥均以基肥为主。为保证播种时种子与肥料隔离，简单耧播的可作业两次，第一次下化肥、第二次下籽；机播可一次完成，把肥施在深处，把籽下在上层。肥料的施用量以产而定，一般每亩单产在 150 kg 左右的，应施入纯氮肥 6 kg、五氧化二磷 3 kg。肥料以磷酸二铵为好。

（四）田间管理

"三分种，七分管，十分收成才保险"这是多地农民种植的实践经验，它充分说明了田间管理的重要性。

1. 间苗

农谚说"间苗早一寸，顶上一茬肥"，大豆叶片相对较大，为解决争光、争肥的影响，促进壮苗的发育，应在第一片复叶展开前需要进行立即间苗，按规定的株距留苗，拔除弱苗、病苗和小苗。

2. 中耕除草

"豆怕苗里荒"，大豆是易中耕作物，中耕能提高土壤温度，疏松土壤、消灭杂草。一般中耕除草在 3 次以上，均在开花前进行。第一次在齐苗后抓早进行，深度 7~8 cm，目的是消灭杂草，破除地表板结，防止土壤水分蒸发，起到通气防旱保墒作用。第二次中耕在大豆分枝前进行，深度 10~12 cm，并要用手剔除苗间杂草。第三次中耕在大豆封垄前进行，深度 5~6 cm 为好，原则是在不伤根的前提下结合向根部培土。以利防倒和排水。

3. 化学药剂压苗促根

人工压苗可促进根系发育，节间变短，株高变矮，增强抗倒能力，在一定条件下有增产作用。可使用多效唑等生长调节剂调控长势，压苗促根。

4. 摘心打顶

摘心打顶有利于控制营养生长，促使养分重新分配，集中供给花荚；有利于控制徒长，防止倒伏，促进一级分枝增多和早熟，提高产量。据生产实践，盛花期摘心打顶的增产 7%~20%。一般摘心打顶在盛花期进行，过早因分枝增多，反而会促进徒长，引起倒伏，通风不良，光合作用下降；过迟则无效果。方法是去掉大豆主茎顶端 2 cm 左右即可。注意有限结荚习性品种和在瘠薄地上种植的不宜摘心。

（五）病虫害防治

大豆花期，喷大豆蚜虫药对大豆有影响。大豆在花期对外界不良环境的抵抗力很弱，此时若喷施化学药剂，易使花蕾脱落，秕粒增加。如果在夏大豆花期发生病虫害必须用药防治时，最好选在 16:00 以后进行。

（六）适时收获

大豆的适收期，应在黄熟后的末期进行，此时叶已大部分脱落，茎和荚全变为黄色，籽粒开始复原，荚壳分离，呈现品种应有色泽，摇动有响声时即可收获。

九、花生

（一）种子处理

1. 带壳晒种

剥壳前将种果在土质地面上摊 5~7 cm 厚，勤翻动，晒种 2~3 d，以提高种子活力和消灭部分病菌。

2. 粒选分级

剥壳不宜过早，在不影响播种的前提下，尽量推迟剥壳时间。剥壳后剔除秕瘦、破伤、霉变籽仁，再将种仁按大中小分为 3 级，用一级种，淘汰 3 级种，分级播种。

3. 药剂拌种

防治根腐病、茎腐病。播种前用 50% 多菌灵可湿性粉剂按种子量的 0.3%~0.5% 拌种或 12.5% 咯菌腈乳油（适乐时）按种子量的 0.1% 拌种，水分晾干后即可播种；防治地下害虫和鼠害用 50% 辛硫磷乳油 75 ml 加水 1~2 kg 拌种 40~50 kg。

（二）精细播种

1. 适期播种

要根据地温、墒情、品种特性、栽培方法等综合考虑。小麦产量 300 kg 以下地块适播期为 5 月 5 日至 5 月 15 日，小麦产量 300~400 kg 以下地块适播期为 5 月 10 日至 5 月 20 日，小麦产量 400 kg 以上地块适播期为 5 月 15 日至 5 月 25 日。

2. 适墒下种

结合麦田后期灌水给花生播种，营造良好的底墒，以播种层土壤的含水量为田间最大持水量 60%~70% 为宜（即抓土成团，松开即散），低于 40% 容易造成缺苗，高于 80% 易引起烂种、烂芽。

3. 播种方式

采用人工点种或播种耧播种，播种深度 5 cm 左右，深浅一致。

4. 播种密度

每亩用种 20~25 kg。根据小麦行距，调整好花生株行距，一般行距 30 ~ 40 cm、穴距 15 ~ 20 cm。高肥力地块种植 10 000~10 500 穴/亩，中肥力地块种植 10 500~11 000 穴/亩，低肥力地块种植 11 000~12 000 穴/亩，每穴 2 粒。

(三) 田间管理

1. 中耕

花生一般中耕 2~3 次。第一次在麦收后及早中耕灭茬；第二次中耕在第一次中耕后 10~15 d 进行；第三次在初花期至盛花期前进行，并结合中耕进行培土迎针。

2. 灌溉与排水

花生播种前，如干旱可结合小麦浇水造好底墒。苗期结合追肥进行浇水。花生开花下针至结荚期需水量最大，遇旱及时浇水。花生生长中后期如雨水较多，排水不良，能引起根系腐烂、茎枝枯衰、烂果，要及时疏通沟渠，排出积水。

(四) 病虫害防治

(1) 防治花生叶斑病、疮痂病等病害。当病叶率达到 10% 时，每亩用 17% 唑醚·氟环唑悬浮剂 45 ml，或 30% 苯醚甲环唑·丙环唑 (爱苗) 乳油 20 ml，或 60% 吡唑醚菌酯·代森联水分散粒剂 (百泰) 60 g，隔 10~15 d 喷 1 次，共喷 2 次。上述药剂要交替施用，喷足淋透。多雨高温天气注意抢晴喷药，如喷药后遇雨，要及时补喷。

(2) 防治以蛴螬为主的地下害虫和棉铃虫等地上害虫。对播期早的春花生，根据虫情，在 7 月初花生下针期，选用

30%辛硫磷微囊悬浮剂或30%毒死蜱微囊悬浮剂等1 000倍液灌墩；或按上述药剂有效成分100 g/亩拌毒土，趁雨前或雨后土壤湿润时，将药剂集中而均匀地施于植株主茎处的土表上，可以防治取食花生叶片或到花生根围产卵的成虫，并兼治其他地下害虫。在二代棉铃虫发生为害初期6月下旬至7月上旬防治1~3龄幼虫，使用25 g/L溴氰菊酯乳油25~30 ml/亩，或5%氟啶脲乳油110~140 ml/亩，加水1 000倍喷雾，棉铃虫3龄后，使用15%茚虫威悬浮剂10~18 ml/亩，加水稀释1 000~1 500倍喷雾，以上药剂均可兼治甜菜夜蛾。大力提倡使用杀虫灯、性诱剂诱杀金龟甲、棉铃虫、甜菜夜蛾、地老虎等害虫。

（3）防治花生蓟马和叶螨。天气干旱有利于这两种害虫发生蔓延，可使用60 g/L乙基多杀菌素悬浮剂，加水稀释1 500倍叶面喷雾防治。

（4）及时防控黄曲霉毒素污染。在加强病虫害防治的基础上，花生生长后期遇旱要适度灌溉，保持适宜的土壤水分，还要做到适时收获，及时干燥，有效防控黄曲霉毒素污染。

（五）收获和贮藏

麦套花生生育期短，荚果充实饱满度差，因此不能过早收获，否则会降低产量和品质。应根据天气变化和荚果的成熟饱满度适时收获，一般应保证生育期不低于115 d，当花生饱果率达65%~70%时应及时收获。收获后晒至荚果含水量低于10%，花生仁的含水量低于8%（手拿花生果摇晃，响声清脆，用手搓花生仁，种皮易脱落）时在清洁、干燥、通风、无虫害和鼠害的地方贮藏。

第二节 果树类

一、苹果

（一）苹果育苗技术

苹果树育苗一般采用嫁接育苗，采用矮化砧或乔化砧，用劈接法进行嫁接。

1. 接穗的选择

接穗应选择性状优良、生长健壮、观赏价值或经济价值高、无病虫害的成年苹果树。采用根颈部徒长枝或幼树枝条作接穗，由于发育年龄小，嫁接后开花结果晚，寿命较长；采用成年树树冠上部的枝条进行嫁接，接穗发育年龄大，嫁接后开花结果早，与实生树相比寿命要短一些。

2. 嫁接技术

嫁接的成活与气温、土温、接穗和砧木的活性有密切关系，嫁接时间的选择要根据天气条件、接穗的准备情况和嫁接量的需求灵活掌握，一般春季嫁接在 2 月中下旬至 3 月上中旬，不能太早，气温稳定在 8 ℃以上为宜；秋季嫁接在 7 月下旬至 8 月底。

嫁接方法春季一般采用劈接法，秋季采用嵌芽接法。

3. 嫁接后的管理

剪砧，春季嫁接的 15~20 d 后检查成活后即可剪砧，秋季嫁接的可以到翌年 2 月下旬至 3 月上旬进行，在嫁接芽上方0.5 cm 处剪去。

抹芽，接口下的芽要及早抹去，避免竞争养分。

灌水施肥，在生长较旺盛的 4—7 月，可以根据土壤墒情灌水 1~2 次，结合灌水进行施肥，每亩随灌水施入少量有机肥或 15~20 kg 二胺。

（二）苹果花果管理技术

1. 保花保果措施

防冻害和病虫害保花，早春灌水、树干涂白、花期熏烟和树盘覆盖等措施防止晚霜对花器的伤害，同时注意加强金龟子和各种真菌病害的防治，保花保果。

加强授粉，首先保证足够的授粉树配置，授粉树配置比例不低于15%，以20%~25%为宜。每4~6亩果园放一箱蜜蜂或每亩果园放60~150头壁蜂，能显著提高授粉率。人工采集花粉，在开花后1 h，掺100倍滑石粉用喷粉器在清晨露水未干前站在上风头喷粉，盛花期喷粉2次效果较好。

花期喷肥和生长调节剂，盛花期喷洒0.4%的尿素混合0.3%的硼砂混合液，也可以在初花期和盛花期各喷洒1次0.1%的尿素+0.3%的硼砂+0.4%的蔗糖+4%农抗120混合稀释800倍液，能显著提高坐果率。初花期和盛花期各喷1次20 ml的益果灵（0.1%的噻苯隆可溶性液剂）加15 kg水配制成的溶液，可显著提高坐果率、优果率和单果重。

2. 疏花疏果措施

花前复剪，在花芽萌动后到开花前对结果期的苹果树进行修剪。修剪内容主要是对外密处的枝（枝组）适当疏除过强或过弱的，使其多而不密、壮而不旺、合理负载、通风透光；冬剪时被误认是花芽而留下来的果枝和辅养枝，应进行短截或回缩，留作预备枝；冬剪漏剪的辅养枝，无花的可视其周围空间酌情从基部疏除，改善光照条件；冬剪时留得过长的枝，以削弱顶端优势，控制旺长，或从基部变向扭别，缓和生长势，促生花芽；幼树自封顶枝，可破顶芽以促发短枝，培养枝组，促发中短枝；果台枝是花的，可留壮，无花的可回缩破台，过旺的可从基部隐芽处短截，空间大的可截一放一；连续多年结果的枝，可回缩到中后部短枝或壮芽处，更新复壮。

3. 果实套袋

在盛花后 1 个月内，结合疏果，全部完成果实的套袋。到果实采前 1 个月，去掉果实袋，促使果面上色。经套袋的果实，果面光洁，上色均匀。

（三）病虫害防治

为害苹果枝、干、根的病害：苹果树腐烂病、苹果树干腐病、立枯病、根癌病等；为害苹果树叶片的病害：苹果褐斑病、灰斑病、轮斑病、黑星病、白粉病等；为害苹果树花和果实的病害主要：苹果花腐病、煤污病、锈果病、蜜果病等。经常发生的害虫：蚜虫、红蜘蛛、潜叶蛾、金龟子、苹果绵蚜、金纹细蛾等。

二、梨

（一）梨树育苗技术

梨树育苗一般采用嫁接育苗，一般采用"T"形芽接，较粗的根蘖苗可采用腹接或切接。

1. 砧木的繁育

梨树砧木一般采用实生苗繁殖。9 月下旬至 10 月上旬采集种子，经沙藏 60~70 d 处理后，待播种。翌年 3 月下旬至 4 月上旬播种。

2. 接穗的选择

接穗应选择品种纯正、无病虫的 7~8 年生梨树，树冠中、下部腋芽饱满的健壮枝。

3. 嫁接技术

嫁接梨树采用"T"形芽接，较粗的根蘖苗可采用腹接或切接。秋接一般在小暑至大暑节气较好。如过早接，砧苗粗度小，根系不发达，成苗慢，达不到当年出圃要求；过迟接，虽然砧苗粗度大，接后成苗快，但生长期缩短，同样难以达到出圃要求。嫁接时剪砧留叶，砧高 8~10 cm，以利嫁接成活和快长。采用单芽切接法，选择枝条中部露白饱满芽 2.5~3 cm 长作接穗芽，是秋接育苗成功的关键。剪接穗芽削面长 1.2~1.5 cm，背面斜削 45°切面，芽上部留 0.5~0.7 cm。然后再选砧木皮厚、光滑、纹顺的地方，在皮层内略带木质部处垂直切下 1.8~2.0 cm 的切口，将接穗插入切口中，对准一边形成层，用塑料薄膜绑扎紧即可。

4. 嫁接后的管理

水分管理，接后要保持苗畦土壤湿润，一般 7~10 d 灌水 1 次，傍晚灌水，早晨排干。

施肥锄草，一般接后 15~20 d 施肥，亩施尿素 30~35 kg，选择小雨天或雨后施或灌水后施，以免烧苗。应勤中耕锄草，每次灌水后或雨后及时中耕，防止杂草与苗木争夺养分。

病虫防治，重点防治黑星病、黑斑病、梨蚜虫等病虫害。一般每 15 d 防治 1 次，并加 0.2%磷酸二氢钾、0.3%尿素和 0.2%硫酸钾结合进行根外追肥。

(二) 梨树土肥水管理技术

1. 土壤管理

土壤深翻熟化是梨树增产技术中的基本措施，在秋季果实采收后到初冬落叶前进行。其方法有扩穴、全园深翻、隔行或间株深翻。深翻深度一般以 30~40 cm 为宜。

2. 施肥管理

施足基肥，在每年的秋季和早春及时开深 20~30 cm 的放射状沟进行施肥，亩施优质粪肥 5 000 kg、复合肥 100 kg。

在梨树生长发育关键时期要根据需肥特性，及时追肥。每年在萌芽至开花前，为促进枝叶生长及花器发育，初结果树株施尿素 0.5 kg, 盛果期树株施 1~1.5 kg, 但树势旺时可不追肥。第 2 次于花后至新梢停长前追肥, 促进新梢生长和叶片增大, 提高坐果率及促进幼果发育。初结果树株施磷酸二铵 0.5 kg, 盛果期树株施 1 kg。第 3 次于果实迅速膨大期追肥, 株施 1~1.5 kg 的三元复合肥或 1.5~2 kg 的果树专用肥。

3. 水分管理

梨树是需水量比较大的果树, 在生长的关键时期如没有降雨, 要及时灌溉。萌芽期至 5 月下旬, 萌芽开花和新梢速长, 80% 的叶面积要在此期形成; 亮叶期至胚形成期 (5 月至 7 月中旬), 此时是光合作用最强的时期 (幼树和旺树应当适当控水); 果实膨大期至采收期 (7 月中旬至 9 月中旬), 以促使果实膨大和花芽分化; 采果后至落叶期 (9 月中旬至 11 月), 促进树体营养物质积累, 提高花芽质量和增强越冬能力。即做好花前水、花后水、催果水和秋水的灌溉工作。

(三) 梨树花果管理技术

1. 加强授粉

人工授粉, 温度在 20~25 ℃, 选择天气晴朗无风的条件下采集无病害、品质优的花粉, 采后放置在阴凉干燥处保存, 在开花后 3 d 内完成。

2. 疏花疏果

花序伸出到初花期进行疏花, 晚霜为害严重地区可以疏花, 疏花量因品种、树势、水肥条件、授粉情况而定, 旺树多留少疏, 弱树弱枝多疏少留, 先疏密集花和发育不良的花。落花后 2 周进行疏果, 一般 1 个花序留 1~2 个果。第 1 次疏果主要摘除小果、病虫果、畸形果等。第 2 次疏果是在第 1 次疏果后的 10~20 d 内进行。

3. 果实套袋，提高果品质量

疏果后进行套袋，套袋前喷 1 次杀菌剂和杀虫剂，可选用 70%大生可湿性粉剂 800 倍液或 1∶2∶240 的波尔多液，喷药后套袋前如遇雨水或露水，需重喷杀菌剂，套袋应在药液干后进行；采用双层内黑专用果袋套袋效果最好。

（四）病虫害

梨树常见的病虫害有梨树黑星病、梨树锈病、梨树轮纹病、梨树黑斑病、梨木虱、梨小食心虫、康氏粉蚧等。

三、桃

（一）桃树育苗技术

桃树一般选择嫁接育苗的方法，砧木一般选择毛桃、山桃等。

1. 砧木苗的培育

砧木种子一般在 11 月下旬进行沙藏处理 100～110 d，翌年 3 月上旬催芽播种，播后覆盖地膜保温，确保 4 月上旬出苗，出苗后按 15 cm 的株距进行间苗定苗，苗高 40 cm 时摘心，当苗木地径达到 0.5～0.6 cm 即可进行嫁接。

2. 嫁接技术

2 月中旬至 4 月底，此时砧木水分已经上升，可在其距地面 8～10 cm 处剪断，用切接法。5 月初至 8 月上旬，此时树液流动旺盛，桃树发芽展叶，新生芽苞尚未饱满，是芽接的好时期。在砧木距地面 10 cm 左右的朝阳面光滑处进行芽接。

3. 嫁接后的管理

检查成活与补接，嫁接两周后接口部位明显出现臃肿，并分泌出一些胶体，接芽眼呈碧绿状，就表明已经接活。若发现没有嫁接成活，可迅速进行二次嫁接。

剪砧一般在嫁接成活后 2~3 d，在接口上部 0.5 cm 处向外剪除砧干，剪口呈马蹄形，以利伤口快速愈合。

（二）桃树土肥水管理技术

1. 土壤管理

深翻改土，每年果实采收后至落叶前结合施用有机肥，对桃园深翻改土以利根系正常生长，深度 10~25 cm，并按照内浅外深的原则进行。

2. 施肥管理

重施基肥，一般在 9 月中旬以前施用，以保证秋根及时恢复生长，促进养分的吸收和贮藏。为节约用肥并提高肥效，可穴施，每株 2 穴，分年改变穴位，逐步改土养根。穴施肥后应立即浇透水。一般每亩施用农家肥 2 500~3 000 kg。

及时追肥，栽后第一年是长树成形的关键，淡肥勤施，3—6 月，每半月施肥一次。栽后第二年及结果以后，每年施肥 3~5 次。萌芽前追肥，在萌芽前 1~2 周进行，以速效氮肥为主，每株施尿素 0.2~0.5 kg 或复合肥 1 kg。花后肥落花后施入，以速效氮为主，配以磷钾肥。施肥量同第一次。壮果肥，在果实开始硬核期时施入，以钾肥为主，配以氮磷肥。催果肥，于采果前 15~20 d 施入，氮钾结合，促进果实膨大，提高果实品质。采后肥，果实采收结合施基肥进行。

（三）桃树花果管理技术

1. 疏花疏果

疏蕾疏花，对花芽多而坐果率高的品种，大久保、京玉等疏蕾疏花效果较好。留量要比计划多出 20%~30%；疏果一般是在第二期落果后，坐果相对稳定时开始进行，在硬核开始时完成，疏果先疏除小果、双果、缝合线两侧不对称的畸形果、病虫果，一般长果枝留果 3~4 个，中果枝留果 2~3 个，短果枝留果 1~2 个。

2. 果实套袋

套袋时期应在定果后或生理落果后，在为害果实的主要病虫害发生之前进行，时间在 5 月中下旬至 6 月初。鲜食品种应在采前 10~15 d 撕袋，以促进均匀着色。罐藏品种采前不必撕袋。

（四）病虫害

桃树主要病虫害有桃褐腐病、细菌性穿孔病、桃炭疽病、桃缩叶病、桃疮痂病、桃流胶病、桃潜叶蛾、桃蛀螟、桃红颈天牛和朝鲜球坚蚧等。

四、芒果

（一）种苗繁育

（1）常用砧木。一般选用土芒、扁桃（柳叶芒）的实生苗。

（2）常用嫁接方法。单芽枝腹接、切接。

（二）建园栽植

1. 园地选择及整理

一般选择土层深厚、疏松肥沃的丘陵坡地建园。采用等高定点开坑或按等高线开垦成简易梯田后定点开坑。坑直径 1 m、深 0.8 m；在定植前 2 个月左右挖好，坑底填入绿肥或草皮 20 kg、厩肥 30 kg、过磷酸钙 1 kg 及石灰 0.5 kg 混合堆沤，使之在定植前腐解沉实。

2. 种植时期

一般选择春植（3—4 月）和秋植（9—10 月）。以选择在春季进行为佳，其次是秋植，此时雨水少，气候干燥，必须注意淋水。

3. 定植规格

定植规格可依据园地环境条件、栽培管理水平确定，一般株行距（3～5）m×（4～6）m；每亩栽 22～55 株；配置授粉树。

4. 栽植后管理

（1）淋足定根水，并覆盖杂草在树盘。

（2）在苗旁宜用竹子或树枝支撑果苗，以防风吹摇动伤根而影响成活。

（三）幼龄树的管理

1. 土壤管理

丘陵坡地果园一般土质较瘦瘠，种后的第二年起应在每年进行深翻改土。方法是沿树冠滴水线开环状沟，沟深 40 cm，沟宽 30 cm，用绿肥或猪牛粪等农家肥与土壤混合或分层压埋于沟中，改良土壤。并适当撒施石灰中和土壤酸性。

2. 肥水管理

幼苗定植成活后一个月可施水肥，可淋施 10% 腐熟麸水，或 1%～2% 的复合肥加 0.5% 尿素，兑水淋施，每株施 3～5 kg 水肥。每隔 1～2 个月施 1 次，以后在雨后每株撒施复合肥 50 g，第二年增加到 75～100 g。

3. 树体管理

幼树整形修剪原则上采取轻剪，加速生长，加快分枝，尽快扩大树冠，提早成形。修剪可在每次新梢萌发前进行，培养主干高 30～50 cm，树冠矮生，有 2～3 条主枝的矮生、主枝和侧枝紧凑并向四周均匀分布的自然圆头形或疏散分层形疏树冠。新梢转绿后再适当短截，并结合采用拉枝、吊枝、撑开等方法调整分枝角度。

（四）结果树的管理

1. 周年施肥时期和用量

（1）花前肥。在 2 月上中旬施氮、磷、钾配合。一般施复合肥 0.5~1.5 kg/株，如干旱结合灌水施肥。

（2）壮果肥。在 4 月下旬至 5 月上旬谢花后施肥。施速效氮肥和钾肥各 0.5~1.0 kg/株，花量小的植株可不施氮肥。

（3）采果肥。在 8—9 月采果后施，以氮肥为主，氮磷钾肥配合，施速效氮肥 0.5~1.0 kg/株加复合肥 0.5~1.0 kg/株。10 月中旬结合灌水追施尿素促进晚秋梢和早冬梢萌芽；可起到延迟翌年花期的效果。

（4）基肥。在 8—9 月结合采果肥与基肥同时施入。结合深翻改土进行，沿树冠滴水线开环状沟，沟深 40 cm，沟宽 30 cm，基肥以厩肥、堆肥、绿肥等有机肥为主，施有机肥 30~50 kg/株、磷肥 1.0~1.5 kg/株。

2. 结果母枝的培养

一般直径在 0.7~0.9 cm 的结果母枝易成花且坐果率高，过粗的不易成花，过小的易成花但坐果难。

通过两次修剪来培养结果母枝：第一次在 8 月下旬前完成采果后的修剪；第二次在 10 月中旬全园灌水并施少量尿素或其他速效性氮肥，促使全园在 10 月下旬至 11 月上旬有 60%以上的枝梢萌芽。第二次在萌发的秋梢长到 5~10 cm 时进行，此时疏剪过密、过弱或过强的新梢，每剪口留梢 2~3 条，促使选留的新梢生长壮实，在 12 月中下旬老熟，顺利在 2 月下旬至 3 月上旬开始抽生花穗。

3. 花期调整技术

由于早春低温阴雨对芒果授粉受精的危害较大，必须避开此时开花，因此，必须进行花期调整，主要方法如下。

（1）人工摘除早花穗。生产上将 2 月中旬前抽生的花穗视为早花。一般都要控制。紫花芒等一些品种的花序再生能力强，可通过摘除早期抽生的顶生花穗，促进腋芽进行花芽分化，可推迟花期 15 ~ 20 d，避开 3 月低温阴雨天气对开花的影响。

（2）生长调节剂的应用。在合适时段叶面喷雾（试用参考浓度 800 ~ 2 000 mg/L），可延迟花期 10 d 左右，1—2 月早抽生的花穗人工摘除后每隔 7 ~ 10 d 喷 1 次多效唑（试用参考浓度 400 ~ 800 mg/L），喷 1 ~ 2 次可延迟花期 30 d 左右。

（3）树体管理。分为采果后修剪和果实生长期修剪。

（4）采果后修剪。结果树的修剪一般在采果后 10 ~ 15 d 进行，不宜延迟到 9 月下旬以后才修剪。初结果树修剪量小。成年结果树要疏剪顶生和外围的过密枝、衰老弱枝、下垂枝、病虫害枝、枯枝；回缩树冠之间的交叉枝；短截过长营养枝和结果母枝，保证树冠通风透光。

（5）果实生长期修剪。为提高果实品质，要保证树冠通风透光，6 月上中旬疏剪挂果部位中上部的营养枝；疏剪遮盖果实的枝叶和果实旁"老鼠尾"状的花穗残梗；每果穗选留果实 2 ~ 3 个，其余的疏除。剪除影响主枝生长的辅助枝，着生位置不当的重叠枝、交叉枝以及病虫害枝、徒长枝，剪掉过长、过旺枝，促进有效分枝生长。

（五）果实采收

1. 果实成熟度确定

果实已不再长大，果实两肩浑圆，果皮颜色变暗；切开果实，种壳变硬，果肉浅黄色；果实放在水中出现半下沉或下沉现象。即表明果实进入成熟阶段。

2. 采收方法

一般是采用人工采收。适宜时间为 9：00—15：00。采收时工人应戴手套。采收方法，宜采用"一果两剪"的方法，即第 1 剪留果柄长约 5 cm；第 2 剪留果柄长约 0.5 cm。树冠矮小的树应单果采收。要留果梗 2~3 cm 剪果，以免剪口近蒂部传染病菌。高大的芒果树难以做到精细采收，适宜方法是用顶端绑着网袋和钩刀的长竹竿，将果钩入网袋。作业要轻拿轻放，小心搬运，力求不损伤果皮，不弄断果柄，倒放或平放于阴凉处，尽快作采后处理。

3. 芒果采后处理

芒果采后在有条件的情况下及时进行防腐处理、激素应用、适当包装和低温储运等技术处理以保证其商品性。

（六）病虫害防治技术

常见病害有炭疽病、蒂腐病，常见害虫有芒果横线尾夜蛾（钻心虫）、蓟马、红蜘蛛。

对于芒果病虫害的防治，主要执行"预防为主，综合防治"的方针，其主要防治技术措施如下。

1. 加强植物检疫

对于栽种苗木、接穗、插条、种子繁殖材料进行检疫，以防止病虫害的传播蔓延。

2. 农业防治

选用丰产、优质抗病的品种，培育无病苗木。

五、草莓

（一）育苗

草莓育苗方法有匍匐茎分株、新茎分株、播种、组织培养等法，目前生产上主要以匍匐茎苗进行繁殖。匍匐茎分株繁殖草莓，生产上常有两种方式：一是利用结果后的植株作母株繁殖种苗：当生产田果实采收后，就地任其发生匍匐茎，形成匍匐茎苗，秋季选留较好的匍匐茎苗定植。该法产生的茎苗弱而不整齐，直接影响第二年产量，一般减产 30% 以上。二是以专用母株繁殖秧苗，就是母株不结果，专门用以繁殖苗木。此法可以培育壮苗，可在生产上大面积推广。

（二）建园

草莓园地选择地势较高、地面平坦、土质疏松、土壤肥沃、酸碱适宜、排灌方便、通风良好的地点。坡地坡度不超过 2°~4°，坡向以南坡和东南坡为好。前茬作物为番茄、马铃薯、茄子、黄瓜、西瓜、棉花等地块，严格进行土壤消毒。大面积发展草莓，还应考虑到交通、消费、贮藏和加工等方面的条件。栽植草莓前彻底清除园地杂草，有条件的地方采用除草剂或耕翻土壤，彻底消灭杂草。连作草莓或土壤中有线虫、蛴螬等地下害虫的地块，栽植前进行土壤消毒或喷农药，消灭害虫。连作或周年结果的四季草莓，一般每亩施用腐熟的优质农家肥 5 000 kg+过磷酸钙 50 kg+氯化钾 50 kg，或加 N、P、K 三元复合肥 50 kg。土壤缺素的园块，可补充相应的微肥或直接施用多元复合肥。全园均匀地撒施肥料后，彻底耕翻土壤，使土肥混匀。耕翻深度 30 cm 左右，耕翻土壤整平、耙细、沉实。土壤整平、沉实后，按定植要求作畦打垄。

（三）土肥水管理

草莓栽植成活后和早春撤除防寒物及清扫后，及时覆膜；而不覆膜栽植草莓，要多次进行浅中耕 3~4 cm，以不损伤根系为宜。但在草莓开花结果期不中耕。采果后，中耕结合追肥、培土进行，中耕深 8 cm。而四季草莓则少耕或免耕，最好采取覆膜的办法。草莓园田间可采用人工除草、覆膜压草、轮作换茬等综合措施进行。为减少用工，以除草剂除草为主。草莓移栽前 1 周，将土壤耙平后，每亩用 48% 氟乐灵乳油 100~125 ml，兑水 35 kg，均匀喷雾于土表，随即用机械或钉耙耙土，耙土要均匀，深 1~3 cm，使药液与土壤充分混合。一般喷药到耙土时间不超过 6 h。氟乐灵特别适合地膜覆盖栽培，一般用药 1 次基本能控制整个生长期的杂草。或者用 50% 草萘胺（大惠利）可湿性粉剂 100～200 g，兑水 30 kg 左右，均匀喷雾于土表。

（四）植株管理

草莓必须及早摘除匍匐茎。摘除匍匐茎比不摘除增产 40%。草莓一般只保留 1～4 级花序上的果，其余及早疏除，每株留 10～15 个果。为提高果实品质，在花后 2～3 周内，在草莓株丛间铺草，垫在花序下面，或者用切成 15 cm 左右的草秸围成草圈垫在果实下面。适时摘除水平着生并已变黄的叶片，以改善通风透光条件，减轻病虫害发生。

（五）果实采收

多数草莓品种开花后 1 个月左右分批不间断采收。果实成熟时，其底色由绿变白，果面 2/3 变红或全面变红，果实开始变软并散发出诱人香气。当地销售在九至十成熟时采收，外地销售达到八成熟时采收。具体采收在早晨露水干后至大热之前进行，注意轻摘、轻拿、轻放，严防机械损伤。

（六）防治病虫害

草莓病虫害主要有灰霉病、炭疽病、病毒病、根腐病、芽枯病、叶枯病、蛇眼病、蚜虫、叶螨、蛴螬、叶甲、斜纹夜蛾等。其防治技术是采用以农业防治为主的综合防治措施，即选用抗病品种，培育健壮秧苗。具体措施：一是利用花药组培等技术培育无病毒母株，同时 2～3 年换 1 次种；二是从无病地引苗，并在无病地育苗；三是按照各种类型的秧苗标准，落实好培育措施，并注意苗期病虫害防治。加强草莓栽培管理，可有效抑制病虫害的发生。

六、樱桃

（一）休眠期修剪

大樱桃常用树形大致可分为小冠疏层形、自然开心形、纺锤形、圆柱形、"V"形等。大樱桃不耐寒，休眠期修剪的最佳时期是早春萌芽前，若修剪过早，伤口流水干枯，春季容易流胶，影响新梢的生长。休眠期修剪常用的方法有短截、甩放、回缩、疏枝等。休眠期修剪宜轻不宜重，除对各级骨干枝进行轻短截外，其他枝多行缓放，待结果转弱之后，再及时回缩复壮。疏枝多用于除去病枝、断枝、枯枝等。在具体操作时，要综合考虑品种的生物学特性、树龄、树势、栽植密度和栽植方式等因素。

1. 幼树期修剪

幼树期要根据树形的要求选配各级骨干枝。中心干剪留长度 50 cm 左右，主枝剪留长度 40~50 cm，侧枝短于主枝，纺锤形留 50 cm 短截或缓放。注意骨干枝的平衡与主次关系。严格防止上强（上部生长太强），用撑枝、拉枝等方法调整骨干枝的角度。树冠中其他枝条，斜生、中庸的可行缓放或轻短截，旺枝、竞争枝可视情况疏除或进行重短截。

2. 初果期树修剪

除继续完成整形外，初果期还要注意结果枝组的培养。树形基本完成时，要注意控制骨干枝先端旺长，适当缩剪或疏除辅养枝，对结果部位外移较快的疏散型枝组和单轴延伸的枝组，在其分枝处适当轻回缩，更新复壮。

3. 盛果期树修剪

盛果期树休眠期修剪主要是调整树体结构，改善冠内通风透光条件，维持和复壮骨干枝长势及结果枝组生长结果能力。一是骨干枝和枝组带头枝，在其基部腋花芽以上的 2~3 个叶芽处短截；二是经常在骨干枝先端 2~3 年生枝段进行轻回缩，促使花束状果枝向中、长枝转化，复壮势力。对结果多年的结果枝组，也要在枝组先端的 2~3 年生枝段缩剪，复壮枝组的生长结果能力。

4. 衰老期树修剪

盛果后期骨干枝开始衰弱时，及时在其中后部缩剪至强壮分枝处。进入衰老期，骨干枝要根据情况在 2~3 年内分批缩剪更新。

不同的樱桃品种，修剪上的主要差异是在结果枝类型上。以短果枝结果为主的品种，中、长果枝结果较少，此类品种以那翁为代表，在修剪上应采取有利于短果枝发育的甩放修剪，增加短枝数量。树势较弱时，适当回缩，使短果枝抽生发育枝。短果枝结果比例较少的品种，如大紫，为促进中、长果枝的发育，应有截有放，放缩结合。如果不进行短截，中长果枝会明显减少。

（二）病虫害防治

萌芽前，喷 3~5°Bé 石硫合剂，可防病虫害，对介壳虫、吉丁虫、天牛、落叶病、干腐病等均有较好的防治效果。介壳虫严重的果园还可用含油量 5% 的柴油乳剂进行防治。

对金龟子发生较重的果园，可利用其假死性，早晚用震落法捕杀成虫。也可利用其有趋光性，用黑光灯诱杀。药剂防治参照其他果树的防治方法。

细菌性穿孔病的防治。控制施氮，增强树势，提高树体的抗病能力是其防治的关键。药剂防治参照桃树的防治方法。

果实腐烂病的防治。可于地面施用熟石灰 68 kg/亩。化学防治方法参照其他果树。

七、石榴

（一）整形修剪

石榴可选用三主枝开心形、单主干自然开心形、双主干"V"形、三主枝自然圆头形等树形。三主干开心形全树具有 3 个方位角 120°的主枝，每个主枝与地面水平夹角 45°。在每个主枝上配置 3~4 个侧枝，第 1 侧枝距地面 60 cm，第 2 侧枝距第 1 侧枝 60 cm，第 3、第 4 侧枝相距 40 cm。每个主枝上配置 10~15 个大、中型结果枝组。树冠高控制在 3.5~4.0 m。

（二）生产技术

石榴花果管理包括提高坐果率、疏花疏果、果实套袋等几方面内容。提高坐果率应从 4 方面着手。一是建园时注意合理配置授粉树，并加强土肥水管理、病虫害防治和合理修剪。二是花芽分化前在树冠外围挖 40~50 cm 深沟断根，或施多效唑，3~4 年生幼旺树在 5 月下旬至 6 月上旬每株施多效唑 1.0~1.5 g，或 7 月用多效唑 1 500~2 000 mg/L 溶液喷雾。三是花期疏除过多细小果枝，进行环状剥皮，放蜂、人工授粉，喷布 0.1%~0.2% 硼砂、0.05% 赤霉素等。能辨出退化花蕾时，及时摘除退化花蕾。四是合理负载。6 月上中旬，1、2 茬花的幼果坐稳后进行疏果：坐果不多时部分枝留双果，坐果足够时留单果。疏除畸形果、病虫果，保留头花果，选留二花果，疏除三花果，不留或少留中长枝果，保留中短枝果。成年树按中短结果枝基部茎粗确定留果量，直径 1 cm 的留 1~2 个果，2~3 cm 留 2~3 个果。一般 3 年生树留果 15~30 个，4 年生留果 50~100 个，5 年生留果 100~150 个。果实发育期，用 1 份 40% 辛硫磷和 50 份黄土配成软泥堵萼筒，或在 6 月中旬套 18 cm×17 cm 的纸袋。套袋前喷 1 次杀虫剂与杀菌剂的混合液。采果前 20 d 左右解除果袋。摘除盖在果面上叶片，采用拉枝、别枝、转果或在树盘土壤上铺设反光农膜等，以促进果实着色。

（三）适时采收

石榴根据品种、籽粒颜色，适时采收。红色品种果皮底色由深绿变为浅黄色，而白石榴果皮由绿变黄时采收。具体应根据实际情况，分批采收，头花、二茬花果采收早，开花坐果晚的三茬花果成熟晚，应晚采。采收时要用采果剪，并注意果梗不要留太长。

（四）病虫害防治

石榴上病虫害主要是"二病五虫"。"二病"是干腐病、早期落叶病；"五虫"是桃小食心虫、桃蛀螟、茶翅蝽、绒蚧、龟蜡蚧。具体防治方法：萌芽前刮除枝干翘皮，清理病虫枝果，集中烧毁或深埋，结合喷 3~5°Bé 石硫合剂，或45%多硫化钡（索利巴尔）50~80 倍液，以消灭树上越冬桃蛀螟、龟蜡蚧、刺蛾等害虫及干腐病、落叶病病菌。萌芽新梢生长期，设置黑光灯或糖醋液诱杀桃蛀螟成虫，结合树冠下土壤喷50%辛硫磷乳油 1 000 倍液，并配合树盘松土、耙平，防治桃小食心虫、步曲虫。在树上喷 20%氰戊菊酯乳油 2 000 倍液+50%辛硫磷乳油 1 500 倍液+50%多菌灵可湿性粉剂 800 倍液（或80%代森锰锌可湿性粉剂 600~800 倍液）等，防治桃小食心虫、桃蛀螟、茶翅蝽、绒蚧、龟蜡蚧等害虫及干腐病、落叶病等。6 月底喷洒石灰倍量式波尔多液（或50%多菌灵可湿性粉剂 800 倍液）+30%桃小灵乳油 2 000 倍液（或 20%氰戊菊酯乳油 2 000 倍液），防治干腐病、落叶病、桃小食心虫、桃蛀螟、木蠹蛾、龟蜡蚧等。摘除桃蛀螟、桃小食心虫为害虫果，碾轧或深埋。剪除木蠹蛾虫梢烧毁或深埋。7 月底喷洒80%代森锰锌可湿性粉剂 500 倍液（或70%甲基硫菌灵可湿性粉剂 800 倍液）+20%甲氰菊酯乳油 2 000 倍液（或 20%氰戊菊酯乳油 2 000 倍液或20%氰戊菊酯乳油 2 000 倍液），防治桃小食心虫、桃蛀螟、刺蛾、龟蜡蚧、茶刺蝽，干腐病、落叶病等。9 月下旬树干绑草把，诱杀桃小食心虫、刺蛾等害虫；继续喷杀菌剂、杀虫剂保护枝叶。入冬前剪虫梢、摘拾虫果，集中烧毁或深埋，以防治木蠹蛾、桃小食心虫、桃蛀螟等害虫。

八、板栗

（一）育苗

采用嫁接法繁殖。砧木苗采用播种繁殖。采用蜡封接穗进行嫁接。嫁接时间在砧木萌动后，接穗未萌发时进行。一般春季枝接在砧木萌动到萌发展叶前进行，一般在 4 月中下旬进行。采用枝接，春季插皮接嫁接为主，还可用劈接、切接和舌接。并且要加强嫁接后的管理。

（二）建园

板栗园地应选择土层深厚、排水良好、地下水位不高的砂壤土、砂土或砾质土及退耕地等。土壤宜微酸性，要求光照充足、空气干爽。在山坡地造林应选择南坡、东南坡或西南坡为宜。整地一般在板栗栽植前的 3 个月进行。整地方法常采用水平梯地整地和鱼鳞坑整地。水平梯地整地就是沿等高线修水平梯地。以等高线为中轴线，在中轴线上侧取土填到下侧，保持地面水平，然后在地上挖坑栽树。

（三）土肥水管理

休眠期进行耕翻，萌芽前每亩施纯氮 12 kg，以促进花的发育，施肥后灌水。枝条基部叶刚展开由黄变绿时，根外喷施 0.3%尿素+0.1%磷酸二氢钾+0.1%硼砂混合液，新梢生长期喷 50 mg/kg 赤霉素，以促进雌花发育形成。开花前追肥，每亩追施纯氮 6 kg、五氧化二磷 8 kg、氧化钾 5 kg，追肥后浇水；清耕栗园进行除草松土，行间适时播种矮秆 1 年生作物或绿肥。7 月下旬至 8 月初，果实迅速膨大期施增重肥，每亩施纯氮 5 kg、五氧化二磷 6 kg、氧化钾 20 kg，根据土壤含水量浇增重水。种植绿肥的果园翻压肥田或刈割覆盖树盘。采收前 1 个月或半个月间隔 10~15 d 喷 2 次 0.1%磷酸二氢钾。果实采收后叶面喷布 0.3%的尿素液。10 月施基肥，每亩施充分腐熟的土杂肥 3 000 kg+纯氮 5 kg。对空苞严重的果园同时土施硼肥，方法是沿树冠外围每隔 2 m 挖深 25 cm，长、宽各 40 cm 的坑，大树施 0.75 kg，将硼砂均匀施入穴内，与表土搅拌，浇入少量水溶解，然后施入有机肥，再覆土灌水。

（四）花果管理

雄花序长到 1~2 cm 时，保留新梢最顶端 4~5 个雄花序，其余全部疏除。一般保留全树雄花序的 5%~10%。采用化学疏雄的方法是在混合花序 2 cm 时喷 1 次板栗疏雄醇。雄花序长到 5 cm 时喷施 0.2% 尿素 +0.2% 硼砂混合液，空苞严重的栗园可连续喷 3 次。当 1 个花枝上的雄花序或雄花序上大部分花簇的花药刚刚由青变黄时，在早晨 5 时前采集雄花序制备花粉。当一个总苞中的 3 个雌花的多裂性柱头完全伸出到反卷变黄时，用毛笔或带橡皮头的铅笔，蘸花粉点在反卷的柱头上。也可采用纱布袋抖撒法或喷粉法进行授粉；夏季修剪并疏栗蓬，及早疏除病虫、过密、瘦小的幼蓬，一般每个节上只保留 1 个蓬，30 cm 的结果枝可保留 2~3 个蓬，20 cm 的结果枝可保留 1~2 个蓬。

（五）病虫害防治

板栗病虫害主要有栗胴枯病、栗红蜘蛛和栗瘤蜂等。具体防治方法：栗树休眠期的 11 月下旬至翌年 2 月，清除栗园病树病枝，刮除枝干粗皮、老皮、翘皮及树干缝隙，集中烧毁，以消灭越冬病虫。春季萌芽前喷 10~12 倍松碱合剂或 3~5°Bé 石硫合剂，以杀死栗链蚧、蚜虫卵，且兼治干枯病。结合板栗冬季修剪剪去病虫害枝或刮除病斑、虫卵等。萌芽后剪除虫瘿、虫枝，黑光灯诱杀金龟子或地面喷 50% 辛硫磷乳油 3 000 倍液防治金龟子，树上喷 50% 杀螟硫磷乳油 1 000 倍液防治栗瘿蜂。新梢旺长期喷 48% 毒死蜱乳油 1 000~2 000 倍液 +50 倍机油乳剂防治栗链蚧，剪除病梢或喷 0.3°Bé 石硫合剂防治栗白粉病等。进入开花期应用性激素诱杀或喷 50% 杀螟硫磷乳油 1 000 倍液防治桃蛀螟。7 月上旬树干绑草把诱虫，7 月中旬开始捕杀云斑天牛，并及时锤杀树干上其圆形产卵痕下的卵。8 月上旬叶斑病、白粉病盛发前喷 1% 波尔多液或 0.2~0.3°Bé 石硫合剂、10% 吡虫啉可湿性粉剂 4 000~

6 000 倍液或 1.8%阿维菌素乳油 3 000~5 000 倍液喷雾，防治栗透刺蛾成虫、栗实象甲成虫、栗实蛾成虫、桃蛀螟等。11月上旬清理栗园落叶、残枝、落地栗蓬及树干上捆绑的草把，集中烧毁或深埋。

九、李、杏

（一）休眠期修剪

1. 李、杏树初果期修剪

李、杏初果期树长势很旺，生长量大、生长期长。此期的修剪任务主要是尽快扩大树冠，培养全树固定骨架，形成大量的结果枝，为进入结果盛期获得丰产做好准备。李树休眠期修剪以轻剪缓放为主，疏除少量影响骨干枝生长的枝条，对于骨干枝适度轻截，促进分枝，以便培养侧枝和枝组，扩冠生长。李子树一般延长枝先端发出 2~3 个发育枝或长果枝，以下则为短枝、短果枝和花束状果枝；直立枝和斜生枝多而壮，有适当的外芽枝可换头开张角度。

杏树休眠期修剪任务主要是短截主、侧枝的延长枝，一般剪去 1 年生枝的 1/4~1/3 为宜。少疏枝条，多用拉枝、缓放方法促生结果枝，待大量结果枝形成后再分期回缩，培养成结果枝组，修剪量宜轻不宜重。在核果类果树中，杏萌芽率和成枝率较低。一般剪口下仅能抽生 1~2 个长枝，3~7 个中短枝，萌芽率在 30%~70%，成枝率在 15%~60%。杏幼树生长强壮，发育枝长可达 2 m，直立，不易抽生副梢，多呈单枝延长。发育枝短截过重，易发粗枝，造成生长势过旺，无效生长量过大；短截过轻，剪留枝下部芽不易萌发，会形成下部光秃现象。因此，杏初果期树的延长枝短截应以夏剪为主，通过生长期人工摘心或剪截可促发副梢，加快成形。

2. 李、杏树盛果期修剪

盛果期的李树，因结果量逐年增加，枝条生长量逐年减少，树势已趋稳定，修剪的目的是平衡树势，复壮枝组，延长结果年限。盛果期骨干枝修剪要放缩结合，维持生长势。上层和外围枝疏、放、缩结合。加大外围枝间距，以保持在40~50 cm为宜。对树冠内枝组疏弱留强，去老留新，并分批回缩复壮。

（二）土肥水管理

1. 土壤管理

李树、杏树定植后3~4年，树冠尚未覆盖全园时，可以间作一年生豆科作物、蔬菜、草莓、块根与块茎作物、药用植物等矮秆作物。成龄园多进行覆盖或种植绿肥及生草。覆盖有机物后，使表层土壤的温度变化减小，早春上升缓慢且偏低，有利于推迟花期，避免李、杏遭受晚霜危害。

2. 追肥

李树、杏树追肥时期为萌芽前后、果实硬核期、果实迅速膨大期和采收后，后两次可合为一次。生长前期以氮肥为主，生长中后期以磷钾肥为主。氮磷钾比例为1：0.5：1，土壤及品种不同，比例有所差异。追肥量可按每亩施尿素25~30 kg、钾肥20~30 kg、磷肥40~60 kg的量，分次进行。

除土壤追肥外，也可进行叶面喷施。如萌芽前结合喷药喷施3%~5%的尿素水溶液，可迅速被树体吸收。谢花2/3后叶面喷0.3%磷酸二氢钾+0.2%硼砂，对花粉萌发和花粉管生长具有显著的促进作用。

3. 灌水

我国李、杏树栽培区多干旱，冬春旱尤为严重，对萌芽、开花、坐果极为不利。为了果园丰产、优质，早春李园、杏园必须及时灌水。春季花前灌水会使花芽充实饱满，为充分授粉和提高坐果率打好基础。早春灌水量不宜过大，以水渗透根系集中分布层，保持土壤最大持水量的 70%~80% 为宜。花前灌水可结合追肥同时进行。树盘漫灌费水，沟灌、穴灌、喷灌、滴灌相对节水，可酌情采用。

（三）疏花疏果

李树、杏树花量大、坐果多，往往结果超载。适当疏花疏果可以提高坐果率，增大果个，提高质量，维持树势健壮。疏花越早越好，一般在初花期就要疏花。疏花时先疏去枝基部花，留枝中部花。强树壮枝多留花，弱树弱枝少留花。

（四）病虫害防治

早春对园内外进行大清除，包括刮树皮，刷除枝干上的介壳虫，清扫杂草、落叶，摘除病枝、病叶、病果及果核残体等，并将其集中销毁或深埋。同时，对园外越冬寄主进行彻底清除，集中烧毁，以大幅度降低越冬病菌和越冬害虫数量。早春及时进行翻树盘，也可以有效减少虫源。发芽前树体喷布 5°Bé 石硫合剂或 5% 的柴油乳剂，杀灭树上越冬的病菌虫体，降低病虫越冬基数，为全年防治打好基础。4 月底坐果后，喷50%氯溴异氰尿酸粉剂 1 000 倍液或 75%百菌清可湿性粉剂600 倍液，同时混合 3%啶虫脒乳油 2 000 倍液或 5%吡虫啉乳油 3 000 倍液，主要防治疮痂病、细菌性穿孔病以及梨小食心虫等。5 月上旬花后 20 d，喷 4.5%高效氯氰菊酯乳油 1 500 倍液或 50%辛硫磷乳油 2 000 倍液，同时混合 72%农用链霉素可溶性粉剂 2 000 倍液或 50%甲基硫菌灵可湿性粉剂 600 倍液，防治梨小食心虫、细菌性穿孔病及其他病虫害。对流胶病、干腐病等树干病害严重的果园，可在树干上刷 1 遍 10%有机铜涂抹剂，或刷 1 000 倍硫酸锌液或腐殖酸钠。

每年 4 月下旬，在园内悬挂食心虫等诱芯、迷向丝及诱捕器，对诱捕食心虫第 1 代成虫效果非常好。此外，还可以设黑光灯、粘虫板和糖醋液等诱杀多种害虫的成虫。有条件的园可以使用频振式杀虫灯诱杀天幕毛虫、梨小食心虫、金纹细蛾等多种果树害虫，而且对天敌影响不大。

十、葡萄

（一）插条的选择与处理

硬枝扦插插条采集应在已经结果，而且品种纯正的优良母树上进行采集。一般结合冬季修剪同时进行，选发育充实、成熟好、节间短、色泽正常、芽眼饱满、无病虫为害的一年生枝作为插条，剪成 7~8 节长的枝段（50 cm 左右），每 50~100 条捆成 1 捆，并标明品种名称和采集地点，放于贮藏沟中沙藏。春季将贮藏的枝条从沟中取出后，先在室内用清水浸泡 6~8 h，然后进行剪截。

嫩枝扦插在夏季选择已木质化、芽呈黄褐色的春蔓，3~5 节长的枝段（25 cm 左右）。插穗顶端留 1 叶片，其他叶连同叶柄一并去掉，下端从芽节外剪成马耳形，剪制好的插穗及时插入苗床。扦插前可用 0.005%~0.007% 吲哚乙酸液浸泡插穗基部 6~8 h，或用 0.1%~0.3% 吲哚乙酸液速蘸 5 s，或用生根粉处理。

（二）苗床的选择与整理

育苗地应选在地势平坦、土层深厚、土质疏松肥沃、同时有灌溉条件的地方。上年秋季土壤深翻 30~40 cm，结合深翻每亩施农家肥 3 000~5 000 kg，并进行冬灌。早春土壤解冻后及时耙地保墒，在扦插前要做好苗床，苗床一般畦宽 1 m，长 8~10 m，平畦扦插主要用于较干旱的地区，以利灌溉；高畦与垄插主要用于土壤较为潮湿的地区，以便能及时排水和防止畦面过分潮湿。

（三）施肥管理

葡萄采摘后，为迅速恢复树势，增加养分积累，应早施基肥。这次以有机肥为主，占全年施肥总量的 60%~70%，每亩施入厩肥或堆肥 3 000~5 000 kg，可伴随加入 30 kg 复合肥。

离葡萄主干 1 m 挖一环形沟，深 50~60 cm、宽 30~40 cm，将原先备好的各种腐熟有机肥分层混土施入基肥。

（四）疏剪花序

疏花序时间一般在新梢上能明显分出花序多少、大小的时候进行，主要是疏去小花序、畸形花序和伤病花序。如果葡萄有落花落果现象，疏花序则要推迟几天进行。保留花序数量要根据葡萄品种、树龄和树势进行，短细枝和弱枝不留花序，鲜食品种长势中庸的结果枝上留 1 个花序，强壮枝上留 1~2 个花序，一般以留 1 个为多，少数壮枝留 2 个。

（五）花序修整

在花序选定后，对果穗着生紧密的大粒品种，要及时剪除果穗上部的副穗和 2~3 个分枝，对过密的小穗及过长的穗尖，也要进行疏剪和回缩，使果穗紧凑，果粒大小整齐而美观。

（六）病虫害防治技术

1. 植物检疫

在发展葡萄生产引种时，对引入的苗木、插条等繁殖材料必须进行检疫，发现带有病原、害虫的材料要进行处理或销毁，严禁传入新的地区。

2. 生物防治

主要包括以虫治虫、以菌治菌、以菌治虫等方面。生物防治对果树和人畜安全，不污染环境，不伤害天敌和有益生物，具有长期控制的效果。目前生产上应用的农抗 402 生物农药，在切除后的根癌病瘤处涂抹，有较好的防病效果。

3. 物理防治

利用果树病原、害虫对温度、光谱、声响等的特异性反应和耐受能力，杀死或驱避有害生物。如目前生产上提倡的无毒苗木即是采用热处理的方法脱除病毒。

4. 化学防治

应用化学农药控制病虫害发生，仍然是目前防治病虫害的主要手段，也是综合防治不可缺少的重要组成部分。尽管化学农药存在污染环境、杀伤天敌和残毒等问题，但它具有见效快、效果好、广谱、使用方便等优点。

5. 农业防治

保持田间清洁，随时清除被病虫为害的病枝残叶、病果病穗，集中深埋或销毁，减少病源，可减轻翌年的为害；及时绑蔓、摘心、除副梢，改善架面通风透光条件，可减轻病虫为害；加强肥水管理，增强树势，可提高植株抵御病虫害的能力，多施有机肥，增加磷、钾肥，少用化学氮肥，可使葡萄植株生长健壮，减少病害；及时清除杂草，铲除病虫生存环境和越冬场所。

6. 抗病育种

选育抗病虫害的品种或砧木，抗病育种一直是葡萄育种专家十分重视的课题。近年从日本引进的巨峰系欧美杂交种就是通过杂交育种培育出来的一个抗病群体，与欧亚种相比，它对葡萄黑痘病、炭疽病、白腐病、霜霉病等均具有较强的抗性。

第三节　蔬菜类

一、白菜类

（一）大白菜

1. 间苗、补苗与定苗

大白菜播种出苗后，在 1~2 片叶"拉十字"时进行第一次间苗，间除细弱的苗子。在 3~4 片叶时进行第二次间苗，苗距约 4 cm，间苗后要及时浇水，以利幼苗根系扎入土壤。

播种出苗 20~28 d 进入团棵期要进行定苗，选留具有品种特性的幼苗，拔除杂草、劣苗，以及有病虫害、过小、胚轴过长的苗。株距依品种、水肥条件而定，一般在 40 cm 左右。

2. 中耕除草

中耕除草工作结合间苗进行。一般在间苗后浇清水粪定根提苗，在浇水或雨后适时中耕。这时中耕应浅，一般以锄破表土为度，深度约为 3 cm，切忌中耕伤根。在定苗之后中耕除草，深度约为 3 cm，需掌握远苗处宜深、近苗处宜浅的原则。用深沟高畦栽培者，应锄松沟底和畦面两侧，并将所锄松土培于畦侧或畦面，以利沟路畅通，便于排灌。在莲座期中耕，不要损伤叶片。中耕时间以晴天为好。

3. 苗期管理

幼苗期植株生长总量不大，约为最终质量的 0.41%，因此对水肥的需要量相对来说是比较小的。大白菜两片子叶张开后，对养分的要求比较迫切。在南方栽培大白菜，定苗后开沟施浓粪肥并配合磷钾化肥，若此次追肥不足，则莲座叶生长不良，即使结球期补肥也不能挽救，故又称"关键肥"或"临界肥"。

4. 莲座期管理

莲座期根系大量发生，叶片生长量骤增，必须加强肥水管理。每亩施入充分腐熟的粪肥 1 000 kg、磷酸二铵 20 kg、硫酸钾 20 kg，在垄的一侧开沟。施肥后覆土，并浇透水，保持土壤半湿润。结球前 10 d 左右，控水蹲苗，促进根系和叶球生长；土壤保水肥能力差，可以适当缩短蹲苗期或不蹲苗；天气干旱，气温高，昼夜温差小或秧苗偏小时也应适当缩短。

5. 结球期管理

结球期是大白菜产品形成时期，在这个时期根系发展达到最大限度，叶的生长量猛增，如果这时脱肥，往往结球不紧实，影响产量和品质。结球期的肥水管理重点在结球始期和中期，即所谓"抽筒肥"和"灌心肥"。这两次肥料都要用速效性的肥料，并需提前施入。一般在开始包心时立即追肥，每亩用粪肥 1 500 kg 左右，或硫酸铵 5~10 kg，或尿素 5~7.5 kg。在植株抽筒后再追施一次，追肥后均需结合灌水。收获前 10~15 d 用草绳或塑料绳将外叶合拢捆在一起，进行束叶。

6. 收获

早熟品种以鲜叶供应市场，在叶球长成时应该及早收获；中晚熟品种一般在严霜来临之前收获；冬季无严寒地方，可以留在地里过冬，根据市场需求收获。

7. 病虫害防治

大白菜主要的病虫害有蚜虫、菜青虫、甜菜夜蛾和软腐病、霜霉病、病毒病。虫害可以用辛硫磷、阿维菌素交替喷雾防治；软腐病可以用铜制剂、抗生素防治；霜霉病可以用甲霜灵、安克交替喷雾防治。

病毒病：主要是在苗期高温干旱易发病。防治方法：降低土温，及时防治蚜虫。用植病灵 1 000 倍液，或病毒灵 600 倍液和抗蚜威 2 000 倍液，或蚜虫净 2 000 倍液进行喷雾防治。

霜霉病：主要在莲座期至包心期发生。用 75%百菌清 500~600 倍液，或 40%乙磷铝 400~600 倍液等，连续防治 2~3 次。

软腐病：为细菌性病害。发病时用农用链霉素 1 500~2 000 倍液，或新植霉素 4 000 倍液喷雾，或用 70%敌克松原粉 500~1 000 倍液浇灌病株及周围的健株根部。

大白菜主要害虫有蚜虫、菜青虫、甘蓝夜盗虫、地蛆等，可用吡虫啉、锐劲特等进行防治。

（二）结球甘蓝

1. 栽培技术

（1）播种育苗。甘蓝前期生长缓慢，根系再生能力强，适宜育苗移栽。春甘蓝和夏甘蓝在秋冬季和春季播种，气候温和，适宜生长，育苗比较容易。而秋甘蓝和冬甘蓝的播种期正值盛暑，且多台风暴雨，育苗须注意以下3点：一是选通风凉爽、接近水源、排水良好、前作非十字花科蔬菜、疏松肥沃、病虫源少的地块作苗床；二是应用遮阳网等覆盖材料搭设凉棚，起遮阴避雨作用，但要注意勤揭勤盖，阴天不盖，前期盖，后期不盖；三是假植，利用假植技术既能节约苗床面积，又便于管理，并能促进侧根发生，选优去劣，使秋苗齐壮。一般在幼苗具2~3片真叶时假植，苗间距6~10 cm。

（2）定植。当甘蓝具有6~7片真叶时应及时定植，适宜苗龄为40d左右，气温高则苗龄短，气温低苗龄长。定植时要尽可能带土。定植密度视品种、栽培季节和施肥水平而定，一般早熟品种每公顷种60 000株，中熟品种45 000株，晚熟品种30 000株。

（3）肥水管理。甘蓝的叶球是营养贮藏器官，也是产品器官，要获得硕大的叶球，首先要有强盛的外叶，因此必须及时供给肥水促进外叶生长和叶球的形成。定植后及时浇水，随水施少量速效氮，可加速缓苗。为使莲座叶壮而不旺，促进球叶分化和形成，要进行中耕松土，提高土温，促使蹲苗。从开始结球到收获是甘蓝养分吸收强度最大的时期，此时保证充足的肥水供应是长好叶球的物质基础。追肥数量根据不同品种、计划产量和基肥而定。早熟品种结球期短，前期增重快，因此在蹲苗结束、结球初期要及时分两次追肥，每次每公顷施150kg尿素。注意从结球开始要增施钾肥。甘蓝喜水又怕涝，缓苗期应保持土壤湿润，叶球形成期需要大量水分，应及时供给，雨后和沟灌后及时排出沟内积水，防止浸泡时间过长，发生沤根损失。

（4）采收。一般在叶球达到紧实时即可采收。早秋和春季蔬菜淡季时，叶球适当紧实也可采收上市。叶球成熟后如天气暖和、雨水充足则仍能继续生长，如不及时采收，叶球会发生破裂，影响产量和品质。采用铲断根系的方法可以比较有效地防止裂球，延长采收供应期。

2. 病虫害防治

结球甘蓝病害主要有黑腐病、软腐病、根腐病、霜霉病、黑斑病、菌核病；虫害主要有蚜虫、菜青虫、小菜蛾、斜纹夜蛾、菜螟、跳甲、蛞蝓、野蜗牛等，防治方法参照大白菜。

（三）花椰菜

花椰菜又名菜花、西蓝花，是甘蓝种中以花球为产品的一个变种，原产地中海沿岸。

1. 品种选择

可选择白峰、雪山、荷兰雪球等品种。

2. 育苗

花椰菜种子价格较高，一般用种量较小，育苗中要求管理精细。在夏季和秋初育苗时，天气炎热，有时有阵雨，苗床应设置荫棚或用遮阳网遮阴。苗床土要求肥沃，床面力求平整。适当稀播。一般每 10 m² 播种量 50 g，可得秧苗 1 万株以上。当幼苗出土浇水后，覆细潮土 1~2 次。播种后 20 d 左右，幼苗 3~4 片真叶时，按大小进行分级分苗，苗间距为 8 cm×10 cm。定植前在苗畦上划土块取苗，带土移栽。

有条件的地区也可采用穴盘育苗，采用 108 孔穴盘，点播方式育苗。幼苗长到 3~4 片真叶时进行分苗。以后管理同苗床育苗。

3. 施肥

作畦一般采用低畦或垄畦栽培。多雨及地下水位高的地区，应采用深沟高畦栽培。

一般每亩施厩肥 3~5 m^3、过磷酸钙 15~20 kg、草木灰 50 kg。施肥后深翻地，使肥土混合均匀。

4. 定植

一般早熟品种在幼苗 5~6 片真叶、苗龄 30d 左右时定植；中、晚熟品种在幼苗 7~8 片真叶、苗龄 40~50 d 时定植。

株行距：小型品种 40 cm×40 cm，大型品种 60 cm×60 cm，中熟品种介于两者之间。

5. 田间管理

（1）肥水管理。在叶簇生长期选用速效性肥料分期施用，花球开始形成时加大施肥量，并增施磷、钾肥。追肥结合浇水进行，结球期要肥水并重，花球膨大期 2~3d 浇 1 水。缺硼时可叶面喷 0.2% 硼酸液。

（2）中耕除草、培土。生长前期进行 2~3 次中耕，结合中耕对植株的根部适量培土，防止倒伏。

（3）保护花球。花椰菜的花球在日光直射下，易变淡黄色，并可能在花球中长出小叶，降低品质。因此，在花球形成初期，应把接近花球的大叶主脉折断，覆盖花球，覆盖叶萎蔫发黄后，要及时换叶覆盖。

6. 收获

适宜采收标准：花球充分长大，表面圆正，边缘尚未散开。如采收过早，影响产量；采收过迟，花球表面凹凸不平，颜色变黄，品质变劣。

为了便于运输，采收时，每个花球最好带有 3~4 片叶子。

7. 病虫害防治

苗期主要病害有猝倒病、立枯病，防治方法要求在做好种子处理和苗床管理的基础上，猝倒病发病初期用72%普力克或64%杀毒矾或60%灭克药液喷雾；立枯病发病初期用10%世高1 500倍液喷雾。

生长期病害有霜霉病、菌核病、黑腐病、软腐病等，除搞好农业防治技术外，常用的化学防治方法为：霜霉病发病初用60%灭克或64%杀毒矾或58%雷多米尔或72%克露药液喷雾。菌核病在发病初及多雨天用50%扑海因1 000倍液或50%速克灵1 500倍液喷雾。黑腐病、软腐病在移栽成活后用80%必备500倍液或77%可杀得500倍液或47%加瑞农800倍液喷雾。

虫害主要有育苗前期及生长后期温度回升后发生的蚜虫，防治方法：10%的吡虫啉2 500倍液或20%康福多5 000倍液防治。病虫害防治的农药要注意轮换使用，一般隔7~10 d防治1次，连续2~3次，最后一次用药要严格遵守安全间隔期。

二、绿叶菜类

（一）芹菜

芹菜属于伞形科芹属的二年生耐寒性蔬菜，适应性广，结合设施栽培可以实现周年供应，在我国南北均有广泛的生产栽培。

1. 芹菜育苗技术

（1）浸种催芽。将种子在15~20 ℃清水中浸种12~24 h，取出后沥去水分，装入湿布袋中，放入地坑催芽；在棚内或没有冻土层的地方挖土坑，坑底铺麦草，把湿布袋放在上面，在湿布袋上盖草苫并加盖薄膜密封，每天将种子取出用15~20 ℃清水冲洗1次，催芽7 d后，有70%的种子露白即可播种。

（2）苗床整理。选择土质疏松肥沃、排灌方便的地块作苗床。每亩施入充分腐熟的有机肥6 000 kg，深耕20 cm，整平整细地面后，作育苗畦，畦长 10~12 m、宽 1.2~1.3 m，每畦施入三元复合肥 2 kg，并深锄，使土肥混合均匀。

（3）播种。在早晚或阴天播种，在整平的苗床上浇足水，待水渗透后，将种子均匀撒入苗床，覆土 0.3~0.5 cm。春季盖地膜，夏季覆盖秸秆、树枝等遮阴物，待出苗后除去覆盖物。每平方米播种 3~5 g，亩用种 40~50 g。

（4）苗期管理。播种后注意保持床土湿润，晴天早晚浇一次水，待幼苗出土后逐步揭去覆盖物。揭去覆盖物应在傍晚进行，并保持床土润湿。幼苗 1~2 叶时，进行第一次间苗，除去弱苗、杂苗、丛生苗。间苗后，每亩施入腐熟人畜清粪水 1：3（粪水：水）70 kg，待幼苗 3~4 叶时，进行二次间苗，除去弱苗、杂苗，保持苗距 2~3 cm，保持见干见湿的原则进行水分管理。

2. 芹菜定植技术

（1）整地施肥。定植前，每亩施优质土杂肥 5 000~8 000 kg、磷肥 50~100 kg、尿素 20~30 kg，深翻耙平，做成宽 1.2~1.4 m 的平畦或高畦，耙平畦面，准备定植。

（2）定植。定植前一天，把苗床浇透水，定植宜选阴天或下午进行。定植时边起苗边栽植，边栽植边浇水，以利缓苗。栽植深度以下埋短茎、上埋不住心叶为宜。合理密植，本芹按单株行距 10 cm×（10~20）cm 栽植为宜；西芹行株距（30~50）cm×（20~25）cm，每穴 1~2 株。

3. 芹菜采收技术

当芹菜达到一定的收获标准时，西芹高度达到 70 cm，重量每株 1 kg 时采收；本芹在定植后 50~60 d，高度达 40 cm 后即可进行采收。采收办法一般有整体割收或间拔，割收即从根基部铲下，不带须根，摘去黄枯烂叶，挑出病株及不良植株，打成捆后待售。间拔即间拔大株留小株，这种方法可保证产量和质量，又可进行多次采收，为小株增加营养面积和生长空间，并可通过加强水肥管理，促小株加快生长。

4. 主要病虫害防治技术

芹菜生产栽培期间，常发生的病虫害主要有芹菜早疫病、芹菜菌核病、芹菜斑枯病、芹菜灰霉病、芹菜软腐病、蚜虫、斑潜蝇、根结线虫病等。

（二）菠菜

菠菜又称波斯草、赤根菜、红根菜，是藜科菠菜属绿叶蔬菜。以绿叶为主要产品器官。

1. 茬口安排

日照较短和冷凉的环境条件有利于菠菜叶簇的生长，而不利于抽薹开花。菠菜栽培的主要茬口类型：早春播种，春末收获，称春菠菜；夏播秋收，称秋菠菜；秋播翌春收获，称越冬菠菜；春末播种，遮阳网、防雨棚栽培，夏季收获，称夏菠菜。大多数地区菠菜的栽培以秋播为主。

2. 土壤准备

播种前整地深 25～30 cm，施基肥，作畦宽 1.3～2.6 m，也有播种后即施用充分腐熟粪肥，可保持土壤湿润和促进种子发芽。

3. 种子处理和播种

菠菜种子是胞果，其果皮的内层是木栓化的厚壁组织，通气和透水困难。为此，在早秋或夏播前，常先进行种子处理，将种子用凉水浸泡约 12h，放在 4 ℃条件下处理 24 h，然后在 20～25 ℃条件下催芽，或将浸种后的种子放入冰箱冷藏室中，或吊在水井的水面上催芽，出芽后播种。菠菜多采用直播法，以撒播为主，也有条播和穴播的。在 9—10 月播种，气温逐渐降低，可不进行浸种催芽，每公顷播种量为 50～75kg。在高温条件下栽培或进行多次采收的，可适当增加播种量。

4. 施肥

菠菜发芽期和初期生长缓慢，应及时除草。秋菠菜前期气温高，追肥可结合灌溉进行，可用 20% 左右腐熟粪肥追肥；后期气温下降浓度可增加至 40% 左右。越冬的菠菜应在春暖前施足肥料，在冬季日照减弱时应控制无机肥的用量，以免叶片积累过多的硝酸盐。分次采收的，应在采收后追肥。

5. 采收

秋播菠菜播种后 30 d 左右，株高 20~25 cm 可以采收。以后每隔 20 d 左右采收 1 次，共采收 2~3 次，春播菠菜常 1 次采收完毕。

6. 病虫害防治

种植前选择通风良好、远离十字花科蔬菜地进行种植。播种选择合适时间，避免过早。施足有机肥，增施磷钾肥。应多浇水，及时清除杂草，加强田间管理，由于菠菜生长期较短，一般情况在发病后很少用药，因此在发病前做好菠菜的预防措施，在发病前或发病初期，及时喷施杀菌剂+植物细胞免疫因子增强免疫功能，抑制病菌、病毒繁殖，促进植物正能量生态生长。以寄主植物抗病机理及利用病菌毒性变异原理，控制植物生理性病害和侵染性病害繁衍。当遇到虫害，如蚜虫时，应及时灭蚜，可喷灭虫药剂+新高脂膜混合使用可以增加药效，减少用药量，降低农药残留量。

（三）莴苣

莴苣包括茎用莴苣和叶用莴苣。茎用莴苣是以其肥大的肉质嫩茎为食用部位，嫩茎细长有节似笋，因此俗称莴笋或莴苣笋。茎用莴苣去皮后，肉水多质嫩，风味鲜美，深受人们的喜爱。

1. 莴苣栽培技术

（1）春莴苣。

播种期：在一些露地可以越冬的地区常实行秋播，植株在6~7片真叶时越冬。春播时，各地播种时间比早甘蓝稍晚些，一般均进行育苗。

育苗：播种量按定植面积播种 1 kg/hm² 左右，苗床面积与定植面积之比约为 1∶20。出苗后应及时分苗，保持苗距4~5 cm。苗期适当控制浇水，使叶片肥厚、平展，防止徒长。

定植：春季定植，一般在终霜前 10 d 左右进行。秋季定植，可在土壤封冻前 1 个月的时期进行。定植时植株带 6~7 cm 长的主根，以利缓苗。定植株行距分别为 30~40 cm。

田间管理：秋播越冬栽培者，定植后应控制水分，以促进植株发根，结合中耕进行蹲苗。土地封冻以前用马粪或圈粪盖在植株周围保护茎以防受冻；也可结合中耕培土围根。返青以后要少浇水多中耕，植株"团棵"时应施一次速效性氮肥。长出 2 个叶环时，应浇水并施速效性氮肥与钾肥。

收获：莴苣主茎顶端与最高叶片的叶尖相平时（"平口"）为收获适期，这时茎部已充分肥大，品质脆嫩，如收获太晚，花茎伸长、纤维增多、肉质变硬甚至中空。

（2）秋莴苣。秋莴苣的播种育苗期正处高温季节，昼夜温差小，夜温高，呼吸作用强，容易徒长，同时播种后的高温长日照使莴苣迅速花芽分化而抽薹，所以能否培育出壮苗及防止未熟抽薹是秋莴苣栽培成败的关键。

2. 结球莴苣栽培技术

结球莴苣耐寒和耐热能力都较弱，主要安排在春、秋两季栽培。春茬在 2—4 月，播种育苗。秋季在 8 月育苗。3 片真叶时进行分苗，间距 6 cm×6 cm。5~6 片叶时定植，株行距各25~30 cm。栽植时不易过深，以避免田间发生叶片腐烂。缓苗后浇 1～2 次水，并结合中耕。进入结球期后，结合浇水，追施硫酸铵 200～300 kg/hm²。结球前期要及时浇水，后期应适当控水，防止发生软腐和裂球。

3. 常见病虫害

（1）莴苣虫害以蚜虫为主。

（2）莴苣常见的病害有霜霉病、灰霉病、菌核病、软腐病等。

三、瓜类

（一）黄瓜

1. 培育壮苗

苗期管理要点是：出苗前，白天 28～30 ℃，夜间温度维持在 15 ℃以上。出苗后应加大昼夜温差，控制湿度，防止徒长，白天温度保持在 24～28 ℃，夜温 12～13 ℃；遇到阴天，温度要适当降低，白天保持在 20 ℃左右，夜间保持在 12 ℃，幼苗长到 3 片真叶时，要逐渐加大通风量和延长日照时间。定植前一周要进行低温炼苗，夜温可降到 8～10 ℃。定植时的幼苗应具有 4～6 片真叶，苗龄 30～40 d。

2. 提早扣棚作畦

定植前 15 d 扣膜烤地增温，并开始整地作畦，每亩施入 5 000 kg 农家肥，并混入过磷酸钙 100 kg、草木灰 100 kg、磷酸二铵 30 kg。同时，根据具体栽植形式进行作畦，畦宽 1.0～1.1 m，一般进行双行定植，亩栽 3 500 株左右。

3. 适时定植

棚内 10 cm 土温稳定在 10 ℃以上时，即可定植。定植时利用大棚、小拱棚、草帘等进行多层覆盖，可使棚内最低气温比露地高 6.5～8.0 ℃。同时，在大棚内可增加临时加温设备，以防寒流侵袭，安全定植。

4. 定植后管理

春大棚黄瓜定植时外界气温尚低，易受寒流侵袭，在温度管理上，应加强防寒保温工作。定植后 7 d 左右密闭大棚，保温保湿、促进缓苗；浇缓苗水后，棚内仍以保温为主，昼温 24~28 ℃，夜温 15 ℃左右，最低不能低于 10 ℃。随着气温的升高，应通风换气，放风应掌握先小后大、先中间后两边原则。

通过采用地膜覆盖、应用软管灌溉或膜下暗灌、高温闷棚、及时放风排湿、用烟雾剂或粉尘法等栽培措施防治病害。

5. 及时采收

春大棚防寒栽培以早熟为目的，前期产量对缓解淡季供应、提高经济效益至关重要。因此，根瓜应适当早收，以利其他瓜条发育。结瓜盛期每 1~2 d 即可采收 1 次。

6. 主要病害

黄瓜病害以黄瓜霜霉病、黄瓜白粉病、黄瓜炭疽病、黄瓜灰霉病为主。

（二）西葫芦

西葫芦别名熊（雄）瓜、茭瓜、白瓜、小瓜、番瓜、角瓜、荀瓜等。原产印度，中国南、北均有种植。

1. 主栽品种

西葫芦越冬栽培宜选择早熟、株型紧凑、雌花节位低、叶片较小、耐低温弱光的短蔓型品种，如早青一代、银青一代、法拉利、潍早一号、灰采尼、冬玉 F1、中葫 1 号、中葫 2 号、阿尔及利亚、阿太一代等。

2. 育苗技术

西葫芦一般在温室或阳畦内采用营养钵育苗，寒冷季节可以用电热温床进行育苗。

（1）播种期。西葫芦属于喜温蔬菜，定植时的地温应稳定在 13 ℃以上，正常生长时的最低气温不要低于 8 ℃。保护地和冬春季生产，要根据以上温度指标及苗龄来确定当地适宜的播种期；秋季播种期比当地大白菜略晚 4~5 d。适播期一般为 9 月下旬至 10 月上旬。

（2）播前种子处理。

温汤浸种：将种子放入干净的盆中，倒入 50~55 ℃温水烫种 15~20 min 后，不断搅拌至水温降到 30 ℃左右。然后加入抗寒剂浸泡 4~6 h。再用 1%高锰酸钾溶液浸种 20~30 min（或用 10%磷酸三钠溶液浸种 15 min）灭菌。边搓边用清水冲洗种子上的黏液，捞出后控出多余水分，晾至种子能离散，然后开始催芽。

催芽：浸种后，把种子轻搓洗净，用清洁湿纱布包好，保持在 28 ℃条件下催芽，催芽期间种子内水分大，则容易烂籽，所以每天均应用温水冲洗 2~3 遍后，晾至种子能离散，继续保持催芽。2~3 d 开始出芽，出芽时不要翻动，3~4 d 大部分种子露白尖，70%~80%的芽长达到 0.5 cm 即可播种。

（3）播种。种子最好播在育苗钵内，播种前要浇足底水，待水下渗后在每钵中央点播 1~2 粒种子，覆土厚度 1.5 cm 左右，并覆盖一层地膜。

（4）苗期管理。出苗前白天温度 25~30 ℃，夜间 18~20 ℃。出苗后撤去地膜，白天温度在 25 ℃左右，夜间 13~14 ℃。定苗前 8~10 d，要进行低温炼苗，白天温度控制在 15~25 ℃，夜间温度逐渐降至 6~8 ℃，定植前 2~3 d 温度还可进一步降低，让育苗环境与定植后的生长环境基本一致。西葫芦的苗龄一般为 25~35 d。

3. 定植技术

（1）整地施肥作垄。一般亩用优质腐熟猪圈粪、厩肥

5 000~8 000 kg、过磷酸钙 150~200 kg、饼肥 200~300 kg、尿素 20~30 kg、硫酸钾 20 kg。肥料施用应采取地面铺施和开沟集中施用相结合的方法，施肥分两步：先用底肥总量的 2/5 铺施地面，然后人工深翻两遍，把肥料与土充分混匀，剩余底肥普撒沟内。在沟内再浅翻把肥料与土拌匀，在沟内浇水。起垄种植，种植方式有两种：一种方式是大小行种植，大行 80 cm，小行 50 cm，株距 45~50 cm，每亩 2 000~2 300 株；另一种方式是等行距种植，行距 60 cm，株距 50 cm，每亩栽植 2 200 株。按种植行距起垄，垄高 15~20 cm，起垄后覆薄膜待栽。

（2）定植。

定植时间：苗龄 30~40 d，长有 4 叶 1 心开始定植。

定植平均株距 40 cm，前密后稀在膜上打洞开孔定植。

定植方法：定植宜选晴天上午进行，选取无病虫的健壮苗，定植时一级苗在栽植行的北头，二级苗在栽植行的南头，以便生育期间植株受光均匀，长势一致，保证均衡增产。栽苗后浇足底水，待水下渗后埋土封口。缓苗后再浇一水，然后整平垄面，覆盖地膜并将苗子放出膜外。

4. 定植后管理技术

（1）水分管理。定植时浇透水，4~5 d 缓苗后浇 1 次水。缓苗后，控水蹲苗。大行间进行中耕，以不伤根为度。待第一个瓜坐住，长有 10 cm 左右时，可结合追肥浇第一次水。以后浇水"浇瓜不浇花"，秋冬茬一般 5~7 d 浇 1 水，越冬茬冬季小垄膜下暗灌 10~15 d 浇水 1 次。浇水一般在晴天上午进行。

（2）施肥管理。追肥主要是与浇水灌溉结合进行，浇第一次水时结合进行追肥，每亩追施硝酸铵 20 kg、磷酸二氢钾 4 kg、硫酸钾 15 kg。追肥与浇水隔次进行，整个结瓜期追肥 1~2 次。

（3）植株调整。西葫芦以主蔓结瓜为主，对叶蔓间萌生的侧芽应尽早打去，侧枝在根瓜坐住前也要打去，生长中的卷须应及早掐去。摘叶、打杈和掐卷适宜选晴天上午进行。叶片肥大、叶片数多、长势过旺、株间荫蔽时，可去掉下部老黄叶（应注意保留叶柄），保留上部 8~10 片新叶。

5. 采收技术

西葫芦以采收嫩瓜为主，在适当条件下，谢花后 10~12 d 根瓜长到 250 g 左右及时采收，以后保持嫩瓜长到 500 g 左右时采收。采收时间以早上揭帘后为宜。采摘时注意轻摘轻放，避免损伤嫩皮。采摘时间还要和市场行情相结合，采摘后逐个用纸或膜袋包装，及时上市销售。

6. 病虫害防治

西葫芦主要的病害有病毒病、霜霉病、灰霉病、白粉病、菌核病等。

病毒病的防治主要是避开高温干旱天气种植和防治蚜虫。霜霉病可用瑞毒霉 500~800 倍液喷施。灰霉病可用 800 倍液的代森锌或多菌灵防治。白粉病可喷施三唑酮或硫菌灵。菌核病可用 40% 菌核净 1 000 倍液或多菌灵 500 倍液喷施。

蚜虫是主要的虫害，可用 2 000 倍液速灭杀丁防治。

四、茄果类

（一）番茄

1. 栽培方式

采用三膜覆盖栽培，即大棚膜、小棚膜、地膜的覆盖栽培方式。

2. 培育壮苗

（1）播种期的确定。适宜的播种期应根据当地气候条件、定植期和壮苗标准而定。适龄壮苗要求定植时具有 6~8 片叶，第一花序已显蕾，茎粗壮，叶色浓绿、肥厚，根系发达，达到此标准，苗龄 50~60 d。

（2）假植。应在 1~2 片真叶时移植，过晚影响花芽分化，一般采用营养钵、穴盘、纸袋假植。

（3）苗期管理。注意掌握适宜的温度和水分，满足对营养条件的需要。在营养土中应配合一定量的氮、磷、钾。为了保证幼苗的磷肥需要，在幼苗期可喷 0.2%磷酸二氢钾溶液 1~2 次。

3. 深耕重施基肥

定植前深翻地 30~40 cm，结合翻地每亩施生物有机肥 2 500 kg 左右、过磷酸钙 20~30kg。整地作畦，进行晾晒，以提高地温。

4. 定植与密度

抢晴定植，定植前喷一次杀菌剂，做到带药下田，边定植边浇定根水。定植密度为 3 000~3 500 株/亩。

5. 病虫害防治

在病害的防治上，首先需要引进具有抗病害的品种；选择轮作倒茬的栽种方式；做好田间的管理，合理密植，并做好田间积水的防治，灌水时切忌水上垄；在种子的处理上采取高锰酸钾浸种法。后期出现的病害，在药剂的防治上，发病初期或出现连续阴雨天气时，要及早喷药，一般番茄分一次秧喷一次药，在药物的选择上可选用 1∶1∶200 的波尔多液或 64%杀毒矾 400~500 倍液，或 50%百菌清 300~500 倍液，或 80%的代森锰锌 500~600 倍液，或 50%甲基托布津 700~1 000 倍液，或 58%甲霜灵 600~800 倍液进行喷施，每次喷药的时间间隔为 7~10 d，根据番茄病害的严重性可连喷 2~3 次。

在虫害的防治上，首先，需要在春秋两季对农渠两边做好铲草除蛹工作，从源头上降低虫害的来源；其次，采取高压汞灯诱蛾法，在番茄播种 3~5 d 后挂出杀虫灯，这一方法能够有效地诱杀地老虎、棉铃虫等害虫的成虫；最后，在药剂的防治上，按照番茄药剂的防治标准，一般可采用速杀灭丁乳油对番茄的叶面进行喷洒，这对菜青虫、棉铃虫、蚜虫的防治效果非常好。在红蜘蛛的防治的上，可采用蚜螨快杀打隔离带的方法进行防治。

（二）茄子

1. 培育壮苗

采用大棚加小拱棚保护地育苗。也可采用电热线加温育苗。苗期气温尽量控制在白天 25~28 ℃、夜间 15~18 ℃，地温 12~15 ℃。整个苗期要注意防止徒长和冻害。所育的茄苗要求苗龄较短、茎粗、棵大、根系发达。

2. 及时定植

苗长至 5~7 片真叶时，抢晴暖天气定植。定植前需施基肥，每亩施腐厩肥 3 500 kg+复合肥 40 kg。株行距为 40 cm × 50 cm。

3. 整枝打杈

生长期枝叶生长较旺，要及时整枝打杈。植株茎部（分杈以下部分）的徒长枝及病枝、受伤枝、多余侧芽可以抹掉，后期要摘除老叶、黄叶、病叶，这样既可改善通风透光条件，又可使养分相对集中，果实着色快、膨大快、病害少、产量高。整枝宜选在晴天进行，整枝后及时喷药以防伤口感染病害。

4. 加强肥水管理

前期追肥宜轻，坐果后要加强追肥，一般每亩施尿素 10~15 kg，每隔 10 d 左右追施 1 次；还应喷施 0.2%~0.3% 磷酸二氢钾 4~5 次。结合追肥，及时浇水，保持棚土湿润，同时浇水后要通风换气，防止棚内空气相对湿度过高。

5. 病虫害防治

（1）蚜虫。可用 2.5%溴氰菊酯 3 000 倍液，或用 10%多活霉素 1 000 倍液，或用 10%吡虫啉可湿性粉剂 2 000~3 000 倍液等喷雾。

（2）红蜘蛛。可采用 10%多活霉素乳油 1 000 倍液，或 1.8%阿维菌素乳油 3 000 倍液喷雾。

（3）斑潜蝇。可采用潜克进行防治，也可用 1.8%阿维菌素乳油 3 000 倍液，或灭蝇胺类杀虫剂喷雾防治幼虫。

（4）茄子黄萎病。可于发现其中心病株后及时灌根防治，采用 50%多菌灵可湿性粉剂 500 倍液，每墩灌 0.25~0.5 L，控制病害发展。

（三）辣椒

1. 品种选择

选择耐低温弱光、丰产、抗病的辣椒品种。青椒如苏椒 5 号、皖椒 2 号、皖椒 301、皖椒 8 号，紫色辣椒如紫燕 1 号、紫云 1 号、紫云 2 号等。

2. 培育壮苗

增加增温措施和保温材料，利用电热线加温或其他加温方式进行穴盘基质育苗。冷床播种于 10 月上旬，温床播种于 12 月中旬，电热温床播种于 1 月上中旬。壮苗的标准为苗高 15 cm，8~10 片健壮叶片，节间短，根系发达，显大蕾。

3. 整地、施肥

辣椒对土壤的要求比茄子、番茄严格，最好选择土层深厚、肥沃松软、排水良好的黏壤土或砂壤土为宜，不宜与茄果类、瓜类、马铃薯及棉花连作。前茬收获后深耕 20~30 cm 晒土冻垡。施足基肥，每亩施腐熟的堆杂肥 5 000~6 000 kg，人畜粪 2 500~3 000 kg、复合肥 30~50 kg，或过磷酸钙 40~50 kg、钾肥 10~15 kg。在定植前半个月均匀撒施并翻入土中。整地作畦后，可覆盖地膜，既可以抑制杂草生长，又有利于保持土壤墒情和提高地温。

4. 定植

当 10 cm 土温稳定在 10 ℃ 以上时是适宜定植期。定植密度一般为 4 000~6 000 株/亩。定植后应及时浇水，尽量少伤根系。

5. 田间管理

（1）温度管理。定植后应保持较高的温度以促进缓苗。若白天温度超过 35 ℃，可稍放风降温。有小拱棚的白天揭开小拱棚膜透光，晚上盖严保温。幼苗长出新根后逐渐开始通风，温度保持在白天 25~30 ℃、夜间 15~20 ℃。温度达不到时仅在中午前后短时通风，当外界最低气温稳定在 15 ℃ 以上时，晚上不再关闭通风口。

（2）水分管理。定植时要浇足定根水，定植后 3~5 d 再浇缓苗水，水量不宜太大，以免降低地温影响缓苗。第一批果实开始膨大后逐渐增加水量，保持土壤见干见湿，结果期要保持水分供应，晴天应增加浇水次数和水量，低温季节适当减少浇水次数和水量。在浇水的同时还应做好棚内通风换气，棚内相对湿度保持在 70% 左右为宜，避免棚内湿度过高，引发病害。

（3）施肥。辣椒生长结果期长，需肥水较多，应结合浇水进行追肥。生长前期一般每隔 10~15 d 追 1 次肥，当植株大量结果和采收时每隔 7~10 d 追 1 次。每次施 10~15kg 复合肥，促使植株稳长健长，有利于延长结果期。

（4）植株调整。植株茎部（分杈以下部分）的徒长枝及病枝、受伤枝、多余侧芽可以抹掉，以增加植株间通风透光，促进有效分权，减少养分消耗和预防病害。整枝宜选在晴天进行，整枝后及时喷药以防伤口感染病害。

6. 采收

及时采收门椒和对椒，以促进植株生长。在采收期，果实充分长大、果面有光泽、果肉厚实时即可采收。采收过程要细致，不要损伤枝叶。为追求最大经济效益，也可根据市场行情掌握商品果的采收时期。

7. 病虫害防治

（1）根据大棚辣椒不耐浓肥、不耐水涝的特点，合理施肥浇水，增施磷钾肥，减少氮肥的施用量，防止发生徒长，特别进入营养生长和生殖生长时期，要小水勤灌，注意中午前后适当通风，控制棚内湿度，抑制病害的发生与发展。

（2）定植后要及时进行化学防治。防治病毒病的主要措施是及时防治蚜虫等传毒介体，常用的药剂有 50% 敌敌畏乳油 1 000 倍液、敌杀死乳油 8 000 倍液、10% 除虫腈乳油 6 000 倍液。对根腐病的防治，可用 30% 根克威胶悬剂 400 倍液、40% 多菌灵胶悬剂 500 倍液、50% 复方苯菌灵 800 倍液。

五、豆类

（一）菜豆

菜豆是豆科菜豆属一年生缠绕性草本植物。又名四季豆、芸豆、玉豆、刀豆等。我国已成为世界菜豆主要生产国，面积、产量皆超过美国、加拿大等国家。

1. 整地施肥

定植前施足基肥，一般每亩施用腐熟农家肥 3 000 ~ 4 000 kg、普通过磷酸钙 40 ~ 50 kg、磷酸二铵 20 ~ 30 kg。将基肥一半全面撒施、一半按 55 ~ 60 cm 行距开沟施入，沟深

30 cm，肥土充分混匀后顺沟施，并浇足底水。

2. 作畦

北方多用平畦，南方雨多，用高畦深沟。北方耙细整平后南北向做成 1.2～1.3 m 宽的平畦。南方畦面筑成龟背形，畦宽（连沟）1.3～1.5 m。

3. 定植

起苗前苗床应浇透水，定植时剔除秧脚发红的病苗和失去第一对真叶的幼苗；选晴天栽植，定植时畦面覆盖的地膜破口要小，定植后应及时浇水，并用泥土将定植口封住，以利于成活。畦面没有地膜覆盖的，先开沟浇水稳苗栽植，或采用开穴点浇水栽植，定植后整平畦面，覆盖地膜。蔓生型品种每畦栽 2 行，穴距 20～25 cm；矮生型品种每畦栽 4 行，穴距 30 cm，每穴栽双株，每亩栽植 6 800～7 500 株。

4. 补苗

定植后要及时检查，对缺苗或基生叶受损伤的幼苗应及时补苗。补苗后要及时浇透水，以保证这些苗能与其他正常苗同步生长。

5. 水肥管理

3～4 片真叶时，蔓生品种结合插架浇一次抽蔓水，每亩追硝酸铵 15～20 kg，或硫酸铵 25～30 kg。以后一直到开花前是蹲苗期，要控水控肥。结荚期间，每采收 1 次豆荚，应浇水追肥，每亩蔓生菜豆甩蔓时追硝酸铵钙 15 kg 左右，也可在坐荚后，用 0.2% 的磷酸二氢钾或镁酸钾进行追施。

第 1 花序开放期一般不浇水，缺水时浇小水。一般第 1 花序的幼荚伸出后可结束蹲苗，浇头水。以后浇水量逐渐加大，每 10 d 左右浇水 1 次，宜保持土壤相对湿度在 60%～70%。浇水注意要避开花期。

6. 采收技术

采收标准：一般是嫩荚由细变粗，豆粒膨大凸显时即可采收。蔓生种播种后 60~70 d 始收，可连续采收 30~60 d 或更长；矮生种播后 50~60 d 始收，可连续采收 20~25 d。采收过早影响产量，过晚影响品质，一般落花后 10~15 d 为采收适期。盛荚期 2~3 d 采收一次，注意不要漏摘，不要伤及花序、幼荚和茎叶。

7. 病毒病防治

及时治蚜，防止蚜虫传毒。及时防治蚜虫，药剂可选用千红或蚜虱净、苦参碱。

选用抗病品种，种植无病种子，播前种子消毒处理。

培育无病适龄壮苗：无病株采种，无病土育苗，适期播种。育苗阶段注意及时防治蚜虫，有条件的采用防虫网覆盖育苗或用银灰色遮阳网育苗避蚜防病。

加强栽培管理：发病初期应及时拔除病株并在田外销毁，清理田边杂草，减少病毒来源。合理密植，土壤施足腐熟有机肥，增施磷钾肥，使土层疏松肥沃，促进植株健壮生长，减轻病害。收获后及时清除病残体，深翻土壤，加速病残体的腐烂分解。

病毒病药剂防治：发病初期开始喷药保护，每隔 7~10 d 喷药 1 次，连用 1~3 次，具体视病情发展而定。药剂可选用 2% 菌克毒克水剂 200~250 倍液，或 20% 康润 1 号可湿性粉剂 500 倍液，或 1.5% 植病灵乳剂 800 倍液等喷雾防治。

（二）豇豆

1. 选种

每亩备种 1.5~2.5kg；为提高种子的发芽势和发芽率，保证发芽整齐、快速，应进行选种和晒种，剔除饱满度差、虫蛀、破损和霉变种子，选晴天晒种 1~2 d。

2. 苗床准备

为确保恶劣天气条件下，特别是低温、寡照时，能够达到快速育苗的目的，一般采用电热线加温苗床。一般选用 8 cm×8 cm 塑料营养钵或 50 孔塑料穴盘，基质采用商品基质，也可按草炭∶蛭石 = 2∶1 或草炭∶蛭石∶废菇料 = 1∶1∶1（全部为体积比）自配。

3. 浸种

将种子用 90 ℃左右的开水烫一下，随即加入冷水，使温度保持在 25~30 ℃，浸泡 4~6 h，离水。由于豇豆的胚根对温度和湿度很敏感，所以，一般只浸种不催芽。豇豆早春栽培，为提早上市，防止低温危害，一般都采用大棚加小棚加无纺布、电热线加温，用 10 cm 钵护根育苗移栽，在 1 月下旬至 2 月中旬播种育苗。2—3 月可直播大棚内。播种前先将穴盘基质浇水造足底墒。播种时，1 穴点 3~4 粒种子，覆上 2~3 cm 厚盖籽土。

4. 定植

10 cm 深地温达 10~12 ℃，最低棚温 5 ℃以上为安全定植期。苗龄 20~25 d。密度为大行 70 cm，小行 50 cm，穴距 30 cm。一定要带土定植。

5. 肥水管理

遵循前控后促原则，开花结荚前控制肥水防徒长，嫩荚坐稳后，足肥足水，促进连续结荚。氮、磷、钾配合，增施微肥和叶面肥，防后期早衰。

6. 采收

大棚豇豆定植后 40~60 d，花后 15~20 d，豆粒略显时抓紧采摘嫩荚，促进小果荚生长。采收时不要损伤花序上其他花蕾。

7. 病虫害防治

（1）合理轮作。选用无病毒种子，种子在播种前先用清水浸泡 3~4 h，再放入 10%磷酸三钠加新高脂膜 800 倍液溶液中浸种 20~30 min；适量播种，下种后及时喷施新高脂膜 800 倍液保温保墒，防治土壤结板，提高出苗率。

（2）加强肥水管理。促进植株生长健壮，减轻危害，喷施促花王 3 号抑制植株疯长，促进花芽分化，同时在开花结荚期适时喷施菜果壮蒂灵增强花粉受精质量，提高循环坐果率，促进果实发育，无畸形、整齐度好、品质提高、使菜果连连丰产。

（3）药剂防治。发病初期应根据植保要求喷施 20%病毒宁、20%病毒 A 500 倍液等针对性药剂防治，并配合喷施新高脂膜 800 倍液增强药效，提高药剂有效成分利用率，巩固防治效果。

（三）毛豆

1. 育苗

（1）营养土配制。要求营养土的 pH 值在 5.5~7.5，孔隙约 60%，疏松透气，保水保肥性能良好。营养土配制：肥沃田土 50%+腐熟厩肥 40%+细沙 10%，按每立方米营养土加入磷酸二铵 1 kg、硫酸钾 0.5 kg，整细过筛混合在一起，堆积 10 d 左右。

（2）装钵。将配好的营养土装入 8 cm×8 cm 的营养钵或 50 孔穴盘，摆放于铺垫平整的育苗床土上备用，准备播种。

（3）种子消毒。首先晒种 1~2 d，再用 1%福尔马林浸泡 20 min，杀死种子表面的病原菌，达到消毒的目的，清洗干净后再在清水中浸种 2~3 h，捞出放在容器内催芽 20 h，种子萌动，胚芽露出即可。每亩移栽田需播种量 4~5 kg，每平方米苗床需播种量 100 g。

（4）湿度管理。每个营养钵浇水后，每钵播种 3~4 粒，覆盖细土 2 cm，再盖一层地膜，保温保湿。尽量让苗床多见光，保持适宜的温度，白天 25 ℃、夜间 20 ℃左右，7~8 d 出苗，出苗前不再浇水，以防土壤湿度过大烂种。当 60%~70% 幼芽出土后，撤去地膜。

（5）苗期管理。子叶出土后，1~2 d 可变成深绿色，即能进行光合作用，制造有机物质供应胚芽和幼根生长所需。棚室管理适温为 20~25 ℃，此期耐寒能力明显比真叶展开前差，一遇霜冻，即会死苗，因此，夜间要防寒防冻。

2. 整地施肥

棚室栽培要多施有机肥，增加土壤透气性，给根瘤菌提供足够的氧气，深翻土壤，使根系顺利伸长，达到根深株壮的效果，一般每亩施腐熟农家肥 1 000~1 500 kg、磷酸二铵 7~10 kg、硫酸钾 4~5 kg，均匀撒施地面，深翻 25~30 cm，使肥与土充分搅拌均匀，搂耙平后作畦，1.2~1.5 m 宽，长度随棚室而定。

3. 定植

定植密度为行距 35 cm、株距 25 cm。栽苗时应把大小苗分开栽，不能大小混栽，防止互相影响，使秧苗生长均匀一致。每亩保苗 2 万~2.5 万株。

4. 田间管理

毛豆开花结荚期是毛豆吸收氮、磷等元素的高峰期，宜在开花初期适当追肥，叶面喷洒 0.2% 磷酸二氢钾+0.1% 尿素。微量元素钼有提高毛豆叶片叶绿素含量、促进蛋白质合成和增强植株对磷元素的吸收作用，用 0.01%~0.05% 的钼酸铵水溶剂喷洒叶面，可减少花、荚脱落，加速豆粒膨大，增产效果显著。水分管理遵循"干花湿荚"的原则，前期少浇后期多浇，保花促荚，同时在初花期进行摘心打顶，抑制营养生长，促进豆荚早熟。

5. 病害防治

（1）选用抗病品种如缙云豆、包罗豆、兰溪花皮青豆、中黄 2~4 号、九丰 3 号等。

（2）注意开沟排水，采用高畦或垄作，防止湿气滞留，采用配方施肥技术，提高植株抗病力。

（3）发病初期喷洒 75%百菌清可湿性粉剂 600 倍液或 36%甲基硫菌灵悬浮剂 500 倍液或 10%抑多威乳油 3 000 倍液，每亩喷兑好的药液 40 L，隔 10 d 左右 1 次，连续防治 2~3 次。上述杀菌剂不能奏效时，可喷洒 15%三唑酮可湿性粉剂 1 000~1 500 倍液或 50%萎锈灵乳油 800 倍液或 50%硫黄悬浮剂 300 倍液或 25%敌力脱乳油 3 000 倍液或 6%乐必耕可湿性粉剂 1 000~1 500 倍液或 40%福星乳油 8 000 倍液。

六、葱蒜类

（一）韭菜

韭菜，别名起阳草，原产我国，为百合科多年生宿根蔬菜。

1. 定植

春播苗于立秋前定植，秋播苗于翌春谷雨前定植。定植前结合翻耕，施入充分腐熟的粪肥 75 000 kg/hm²，做成 1.2~1.5 m 宽的低畦。定植前 1~2 d 苗床浇起苗水，起苗时多带根抖净泥土，将幼苗按大小分级、分区栽植。

定植方法有宽垄丛植和窄行密植两种，前者适于沟栽，后者适于低畦。沟栽时，按 30~40 cm 的行距、15~20 cm 的穴距，开深 12~15 cm 的马蹄形定植穴（此种穴形可使韭苗均匀分布，利于分蘖），每穴栽苗 20~30 株。该栽苗法行距宽，便于软化培土及其他作业，适于栽培宽叶韭。低畦栽，按行距

15~20 cm、穴距 10~15 cm 开马蹄形定植穴，每穴定植 8~10 株。由于栽植较密，不便进行培土软化，适于生产青韭。

定植深度以覆土至叶片与叶鞘交界处为宜，过深则减少分蘖，过浅易散撮。栽后立即浇水，促发根缓苗。

2. 定植当年管理

定植当年以养根为主，不收青韭。定植后连浇 2~3 次水促缓苗。缓苗后中耕松土，并将定植穴培土防积水。秋分后每隔 5~7 d 浇 1 次水，保持地面湿润。白露后结合浇水每 10d 左右追 1 次肥，每次用碳酸铵 225 kg/hm^2。寒露后减少浇水，保持地面见干见湿，浇水过多会使植株贪青，叶中养分不能及时回根而降低抗寒力。立冬以后，根系活动基本停止，叶片经过几次霜冻枯黄凋萎，被迫进入休眠。上冻前应浇足稀粪水。

3. 病害防治

（1）选用抗病品种。目前韭菜的抗病品种有寒青韭霸、寒绿王、中华韭神、四季青翠、多抗雪韭 8 号等。

（2）轮作倒茬。实行与非百合科蔬菜的轮作倒茬，可明显减轻病虫的为害。

（3）加强田间管理。选好种植韭菜的田块，仔细平整苗床或养茬地，雨季到来前，修整好田间排涝系统，露地注意排水，保护地要加强通风透光，刚割过的韭菜或外界温度低通风要小或延迟，严防扫地风，严格控制湿度，及时除草，清除病残体。多施有机肥，避免偏施氮肥，定期喷施植宝素、喷施宝或增产菌，使植株早生快发，可缩短割韭周期，减轻病虫为害。

（二）大葱

大葱为百合科葱属二年生，以假茎和嫩叶为产品的草本植物，在我国的栽培历史悠久。

1. 播种育苗

苗床宜选择土质疏松、有机质丰富的沙壤土，每亩施入腐熟农家肥 4 000~5 000 kg、过磷酸钙 50 kg，将整好的地做成 85~100 cm 宽、600 cm 长的畦，育苗面积与大田栽植面积的比例一般为 1：（8~10）。大葱播种一般可分平播（撒播）和条播（沟播）两种方式，撒播较普遍。采用当年新籽，每亩播种量 3~4 kg。

2. 整地作畦，合理密植

每亩施入腐熟农家肥 2 500~5 000 kg，耕翻整平后开定植沟，沟内再集中施农家肥 2 500~5 000kg。短葱白品种适于窄行浅沟，长葱白品种适于宽行深沟。合理密植是获得大葱高产、优质的重要措施。一般长葱白型大葱每亩栽植 18 000~23 000 株，株距一般在 4~6 cm 为宜；短葱白型品种栽植，每亩栽植 20 000~30 000 株。

3. 田间管理

田间管理的中心是促根、壮棵和促进葱白形成，具体措施是培土软化和加强肥水管理。

（1）灌水。定植后进入炎夏，恢复生长缓慢，植株处于半休眠状态，此时管理中心是促根，应控制浇水；气温转凉后，生长量增加，对水分需求多，灌水应掌握勤浇、重浇的原则，每隔 4~6 d 浇 1 水；进入假茎充实期，植株生长缓慢，需水量减少，此时保持土壤湿润；收获前 5~7 d 停止浇水，以利收获和贮藏。

（2）追肥。在施足基肥的基础上还应分期追肥。天气转凉，植株生长加快时，追施"攻叶肥"，每亩施腐熟农家肥 1 500~2 000 kg、过磷酸钙 20~25 kg，促进叶部生长；葱白生长盛期，应结合浇水追施"攻棵肥" 2 次，每亩施尿素 15~20 kg、硫酸钾 10~15 kg。

（3）培土。大葱培土是软化其叶鞘、增加葱白长度的有效措施，培土高度以不埋住葱心为标准。在此前提下，培土越高，葱白越长，产量和品质也越好。培土开始时期是从天气转凉开始至收获，一般培土 3~4 次。

4. 收获

大葱的收获应根据不同栽植季节和市场供应方式而定，秋播苗早植的大葱，一般以鲜葱供应市场，收获期在 9—10 月。春播苗栽植大葱，鲜葱供应在 10 月上旬收获，干储越冬葱在 10 月中旬至 11 月上旬收获。

5. 病虫害的防治

及时防治潜叶蝇的为害，在缓苗后可喷 1.8%阿维菌素乳油 1 500 倍液或 75%灭蝇胺可湿性粉剂 3 500 倍液或 72%克露可湿性粉剂 600~800 倍液；在产卵盛期至幼虫孵化初期，喷 20%氰戊菊酯乳油 2 000~3 000 倍液或 2.5%溴氰菊酯乳油 2 000 倍液，隔 7~8 d 喷 1 次，连喷 2~3 次。大葱的叶子出现黑斑病或紫斑病时，可用 50%多菌灵可湿性粉剂 500 倍液或 70%代森锰锌可湿性粉剂 600 倍液等，每隔 7~10 d 喷 1 次，连续 2~3 次。药剂要轮换使用，防止产生抗药性。

（三）洋葱

洋葱又名球葱、圆葱、玉葱、葱头，属百合科葱属，洋葱为百合科葱属二年生草本蔬菜植物。

1. 播种育苗

栽培地应选在地力较好、地势平坦、水资源较好的地区。

育苗畦宽 1.7 m，长 30 m，播种前每畦施腐熟农家肥 200 kg，用 30 ml 50%辛硫磷乳油加 0.5 kg 麸皮，拌匀后撒在农家肥上防治地下害虫。再翻地，将畦整平，踏实，灌足底水，水渗后播种，每亩大田需种子 120~150 g，播后覆土 1 cm

左右，然后加覆盖物遮阴保墒。苗齐后浇1次水，以后尽量少浇水。苗期可根据苗情适当追肥1~2次，并进行人工除草，定植前半个月适当控水，促进根系生长。

2. 定植

（1）整地施肥与作畦。整地时要深耕，耕翻的深度不应少于20 cm，地块要平整，便于灌溉而不积水，整地要精细。中等肥力田块（豆茬、玉米等旱茬较好）每亩施优质腐熟农家肥2 000 kg、磷酸二铵或三元复合肥40~50 kg作底肥。栽植方式宜采用平畦，一般畦宽0.9~1.2 m（视地膜宽度而定）、沟宽0.4 m，便于操作。

（2）覆膜。覆膜可提高地温、增加产量，覆膜前灌水，水渗下后每亩喷施田补除草剂150ml。覆膜后定植前按16 cm×16 cm或17 cm×17 cm株行距打孔。

（3）选苗。选择苗龄50~60 d，直径5~8 mm，株高20 cm，有3~4片真叶的壮苗定植。苗径小于5 mm，易受冻害，苗径大于9 mm时易通过春化引发先期抽薹。同时将苗根剪短到2 cm长准备定植。

（4）定植。适宜定植期为"霜降"至"立冬"。定植时应先分级，先定植标准大苗，后定植小苗，定植深浅度要适宜，定植深度以不埋心叶、不倒苗为度，过深鳞茎易形成纺锤形，且产量低，过浅又易倒伏，以埋住苗基部1~2 cm为宜。一般亩定植2.2万~2.6万株，栽后再灌足水，浇水以不倒苗、畦面不积水为好。水渗下后查苗补苗，保证苗全苗齐。

3. 病虫害防治

（1）猝倒病、立枯病：洋葱1~2叶期，及时用多菌灵、霜脲腈等药液喷雾。7 d后再喷施第2次，可同时加入根旺（或黄叶敌）1 000倍液+年年乐500倍液进行，既可防病又可促根壮苗。

（2）蚜虫、蓟马及黄矮病。用溴氰菊酯、病毒克等药液喷雾 2 次，既可防害虫直接为害，又可控制其传毒引起的黄矮病等病害。

（3）炭疽病。初发病时用爱苗 3 000 倍液或炭枯净 1 000 倍液防治炭疽病，7~10 d 后分别再喷 1 次。

（4）灰霉病。如洋葱下种期连续阴雨，将导致洋葱出苗较差，苗床土壤板结，洋葱根系发育不良，葱苗瘦弱，生长滞缓，严重影响洋葱的正常移栽。为了加快洋葱苗情转化，培育壮苗，可用菌萨 1 000 倍液或爱苗 3 000 倍液喷施。为促进洋葱幼苗生长，在防治黄矮病、灰霉病的时候，再加入黄叶敌 750 倍液或极可善 600 倍液。

七、根菜类

（一）萝卜

1. 选地

萝卜品种有长根型和短根型之分，长根型品种选择土层深厚、土质疏松的砂壤土或沙土；肉质根全部或大部深埋于土中的品种，选地要求更高。短根型品种不如长根型品种要求严格。萝卜不宜连作，应尽量避免与十字花科蔬菜连茬种植。

2. 整地

播种前数天进行深耕晒垡。每亩施腐熟农家肥 2 000~2 500 kg、过磷酸钙 20~30 kg、硫酸钾 30~40 kg 作基肥。复耕 1~2 次后作高畦，畦宽连沟 1.5 m。畦长保持 15 m 左右，超过 15 m 的要增加横沟（俗称腰沟），横沟深度应超过畦沟，并与排水沟相通。

3. 播种

圆根型品种多行条播，行距 30~40 cm，株距 20 cm，每亩用种量 300~400 g；樱桃萝卜一般采用撒播，每亩用种量

800~1 000 g。长根型品种多行点播，行距 40~50 cm，株距 30~40 cm，每穴播种子 1~2 粒，每亩用种量 200~300 g。播种时如土壤水分不足，播前先浇水，或播后轻浇水。播种后盖土厚度约 2 cm。覆土过浅，土壤易干，且出苗后易倒伏，造成胚轴弯曲、根形不直；覆土过深，影响出苗的速度，还影响肉质根的长度和颜色。

4. 管理

出苗后间苗要及时，一般进行 2 次，2 片真叶时第一次间苗，4~5 片真叶时第 2 次间苗，同时结合定苗。萝卜施肥以基肥为主，追肥宜早，第一次间苗后追施一次氮肥，定苗后再施一次，以后不再追肥，以免引起叶丛徒长，影响肉质根的膨大。萝卜叶面积大而根系弱，抗旱力较差，需适时适量供给水分。如遇干旱要及时浇水，保持土壤湿润。生长前期缺水，叶片不能充分长大，产量低，需要少水勤浇；叶片生长盛期，不干不浇，地发白才浇，但水量较之前要多；根部生长盛期应充分均匀供水，保持土壤湿度为 70%~80%；根部生长后期仍应适当浇水，防止出现空心；肉质根膨大盛期，空气湿度为 80%~90%，则品质优良。秋萝卜要进行中耕除草，间苗、定苗时各进行 1 次，同时结合清沟进行培土。

5. 采收

早秋萝卜播种后 50~60 d 采收，既可达到一定产量又保持其良好品质。收获期不宜过迟，否则会出现空心。晚秋萝卜根部大部露在地上的品种，都要在霜冻前及时采收；而根部全部在土中的迟熟品种，要尽可能延迟收获，以提高产量。需要贮藏的萝卜，在土壤封冻前采收，以防止贮藏中形成空心。萝卜采收后即上市的，可切除叶丛。如需贮藏的，可留一小段叶柄，防止肉质根受伤腐烂。

6. 病虫害防治

(1) 霜霉病。萝卜霜霉病主要为害叶片。发病先从外叶开始，叶面出现淡绿色至淡黄色的小斑点，扩大后呈黄褐色，受叶脉限制呈多角形。潮湿时叶背面出现白霉，严重时外叶枯死。药剂防治为72%霜脲锰锌可湿性粉剂600~800倍液，或69%安克锰锌可湿性粉剂1 000倍液，或72.2%普力克600~1 000倍液等进行叶面喷施。

(2) 黑腐病。黑腐病是由黑腐菌引起的病害，主要症状是根部中心变黑以及肉质根的维管束变黑腐烂，后形成空洞。高温多雨、灌水过量、排水不良、肥料未腐熟、连作及人为伤口或虫伤多利于发病。药剂防治可在发病初期喷洒41%的好力克悬浮剂5 000倍液、72%农用链霉素3 000~4 000倍液或50%DT可湿性粉剂500倍液，7~10 d施1次，连续防治2~3次。

(3) 蚜虫。平均每株有蚜虫3~5头时，即应喷药防治：可用40%乐果800~1 000倍液，或吡虫啉1 000倍液喷施。

(4) 菜青虫。为菜粉蝶的幼虫，主要为害叶片。菜青虫幼虫三龄前食量小，抗药性差，药剂防治以幼虫三龄前防治为宜。药剂防治选择10%除尽悬浮剂1 500倍液，或6.5%莱喜悬浮剂1 000~1 500倍液等。

(二) 胡萝卜

1. 整地、施肥、作畦

前茬作物采收后及时清园，深耕细耙，耕地时每亩施入腐熟细碎农家肥3 000~4 000 kg、草木灰100~200 kg、过磷酸钙10~15 kg作基肥。一般作平畦，畦宽1.2~1.5 m。

2. 播种

由于胡萝卜是以果实作播种材料，果皮革质不易透水，上面还有刺毛，而且许多果实种胚发育不全，因此种子的发芽率较低，一般只有 70% 左右，陈年种子发芽则更差。所以必须选用新种子，播前搓去果实表面的刺毛，再经浸种催芽处理，然后播种。播种方法有撒播与条播两种，撒播每亩需种子 1 ~ 1.5 kg；条播按行距 17 cm 开沟，沟深 3 ~ 4 cm，先沿沟浇底水造墒，待水渗入土壤后将种子播入，覆土 1 ~ 2 cm 并稍加镇压。

3. 田间管理

条播或撒播的幼苗出土后及时间苗。在两三片真叶时进行第一次间苗，株距 3 cm，并在行间进行浅中耕，促使幼苗生长。幼苗四五片真叶时进行第二次间苗，保持株距 10 ~ 17 cm，并进行中耕除草一次。早熟品种、小型肉质根品种适当密些，反之则稀些。一般追肥两次，第一次追肥在幼苗三四片真叶时进行，每亩可追施硫酸铵 2 ~ 4 kg、过磷酸钙 3 ~ 3.5 kg、钾肥 1.5 ~ 2 kg。第一次追肥后 20 ~ 25 d 进行第二次追肥，每亩施入硫酸铵 7 kg、过磷酸钙 3 ~ 3.5 kg、氯化钾 3 ~ 3.5 kg。胡萝卜的抗旱性较萝卜强，但整个生长期都应保持土壤湿润，以利于植株生长和肉质根形成。在夏、秋干旱时，特别是在肉质根膨大时，要适量增加浇水，才能获得优质、高产。若供水不足，根部瘦小粗糙、肉质根易开裂。

4. 采收

胡萝卜收获期一般在肉质根充分膨大后为宜，此时植株地上部心叶呈黄绿色，外叶稍有枯黄。过早收获，产量低，味淡不甜；收获过晚，肉质根易硬化或受冻害。胡萝卜多在 10 月中下旬始收获并陆续上市。准备贮藏的，可在 11 月上中旬收获。

5. 病虫害防治

病虫害防治应采用生物防治和物理防治法，尽量不用化学农药，特别是内吸性化学农药。虫害主要有地老虎和种蝇。

地老虎以幼虫在夜间咬食幼苗，造成缺苗断垄。最好采用人工捕捉法，虫量大则用毒饵法，晶体敌百虫拌炒香的麸皮或油渣，于傍晚顺垄撒在萝卜近根部诱杀。

种蝇以幼虫为害地下部根，造成伤口而易引起细菌侵染。在成虫发生期，于晴天中午用 1 份糖、1 份醋、2.50 份水制成糖醋液诱杀。

白粉病为害叶片和茎，发病初用农抗 120 水剂 150～200 倍液喷施。

细菌性软腐病为害地下部根，发现病株应及时拔除，带出田外销毁，并在病株附近撒生石灰消毒。若发病重可用 50% DT 可湿性粉剂 500 倍液喷雾，连防 2～3 次，每次间隔 7～10 d。

第四节　食用菌

一、香菇

(一) 播种期的安排

我国幅员辽阔，受气候条件的影响，季节性很强。各地香菇播种期应根据当地的气候条件而定。然后推算香菇栽培活动时间，应选用合适的品种，合理安排生产。或根据预定的出菇期推算播种期。

(二) 菌袋的培养

指从接完种到香菇菌丝长满料袋并达到生理成熟这段时间内的管理。菌袋培养期通常称为发菌期。

1. 发菌场地

可以在室内（温室）、阴棚里发菌，但要求发菌场地要干净、无污染源，要远离猪场、鸡场、垃圾场等杂菌滋生地，要干燥、通风、遮光等。进袋发菌前要消毒杀菌、灭虫，地面撒石灰。

2. 发菌管理

调整室温与料温向利于菌丝生长温度的方向发展。气温高时要散热防止高温烧菌，低时注意保温。翻袋时，用直径 1 mm 的钢针在每个接种点菌丝体生长部位中间，离菌丝生长的前沿 2 cm 左右处扎微孔 3~4 个；或者将封接种穴的胶粘纸揭开半边，向内折拱一个小的孔隙进行通气，同时挑出杂菌污染的袋。发菌场地的温度应控制在 25 ℃ 以下。夏季要设法把菌袋温度控制在 32 ℃ 以下。菌袋培养到 30 d 左右再翻一次袋。在翻袋的同时，用钢丝针在菌丝体的部位，离菌丝生长的前沿 2 cm 处扎第二次微孔，每个接种点菌丝生长部位扎一圈 4~5 个微孔。

（三）出菇管理

香菇菌棒转色后，菌丝体完全成熟，并积累了丰富的营养，在一定条件的刺激下，迅速由营养生长进入生殖生长，发生子实体原基分化和生长发育，也就是进入了出菇期。

1. 催蕾

香菇属于变温结实性的菌类，一定的温差、散射光和新鲜的空气有利于子实体原基的分化。这个时期一般都揭去畦上罩膜，出菇温室的温度最好控制在 10~22 ℃，昼夜之间能有 5~10 ℃ 的温差。空气相对湿度维持 90% 左右。条件适宜时，很快菌棒表面褐色的菌膜就会出现白色的裂纹，不久就会长出菇蕾。

2. 子实体生长发育期的管理

菇蕾分化出以后，进入生长发育期。不同温度类型的香菇菌株子实体生长发育的温度是不同的，多数菌株在 8~25 ℃ 的温度范围内子实体都能生长发育，最适温度在 15~20 ℃，恒温条件下子实体生长发育很好，要求空气相对湿度 85%~90%。随着子实体不断长大，要加强通风，保持空气清新，还要有一定的散射光。

（四）采收

当子实体长到菌膜已破，菌盖还没有完全伸展，边缘内卷，菌褶全部伸长，并由白色转为褐色时，子实体已八成熟，即可采收。采收时应一手扶住菌棒，一手捏住菌柄基部转动着拔下。

（五）采后管理

整个一潮菇全部采收完后，要大通风一次，使菌棒表面干燥，然后停止喷水 5~7 d。让菌丝充分复壮生长，待采菇留下的凹点菌丝发白，根据菌棒培养料水分损失确定是否补水。

当第一潮菇采收后，再对菌棒补水。以后每采收一潮菇，就补一次水。补水可采用浸水补水或注射补水。重复前面的催蕾出菇的管理方法，准备出第二潮菇。第二潮菇采收后，还是停水、补水，重复前面的管理，一般出 4 潮菇。

二、平菇

（一）平菇高产高效栽培技术

1. 菇房建造

可把现有的空房、地下室等，改造为菇房。有条件的也可以新建菇房。菇房应坐北朝南，设在地势高、靠近水源、排水方便的地方。菇房大小以房内栽培面积 20 m² 为宜。屋顶、墙壁要厚，门窗安排要合理，有利于保温、保湿、通风和透光。内墙和地面最好用石灰粉刷，水泥抹光，以便消毒。另外，可建造简易菇房，即从地面向下 1.5~2.0 m 的半地下式菇房。为了充分利用菇房空间，还可在菇房内设置床架，进行栽培。

床架南北排列，四周不要靠壁、床架之间留 60 cm 宽的走道。上下层床面相距 50 cm，下层离地 20 cm，上层不要超过窗户，以免影响光照。床面宽不超过 1 m，便于管理。床面铺木板、竹竿或秸秆帘等。

2. 菇房消毒

菇房在使用前要消毒，特别是旧菇房，更要彻底消毒，以减少杂菌污染和虫害发生。消毒方法如下。

（1）每 100 m³ 菇房用硫黄 500 g、敌敌畏 100 g 以及甲醛 2 kg，与木屑混合加热，密闭熏蒸 24 h。

（2）100 m³ 菇房用甲醛 1 kg、高锰酸钾 500 g，加热密闭熏蒸 24 h。

（3）喷洒 5% 的苯酚溶液。

（4）喷洒敌敌畏 800 倍液。

3. 播种

平菇的播种方法很多，有混播、穴播、层播和覆盖式播种等。下面主要介绍一下层播。床面上铺一块塑料薄膜，在塑料薄膜上铺一层营养料，约 5 cm 厚，然后撒一层菌种，再铺一层营养料，再在上面撒一层菌种，最后整平压实。床面要求平整、呈龟背形。一般每平方米床面用料 20 kg 左右，厚度 10~15 cm。在播种前，应先将菌种从瓶内或塑料袋内取出，放入干净的盆内，用洗净的手把菌种掰成枣子大小的菌块，再播入料内。播种后，料面上再盖上一层塑料薄膜，这样既利于保湿，也可防止杂菌污染。播种时间，一般从 8 月末至翌年 4 月末，均可播种。不过春播要早，秋播要晚，气温在 15 ℃ 以下是平菇栽培的适宜时期。既适于平菇生长发育，又不利杂菌生长。一般播种量为料重的 10%~15%。上层播种量占菌种量的 60%，用菌种封闭料表面，以防止杂菌污染。

4. 管理

（1）发菌期的管理。菌丝体生长发育阶段的管理，主要是调温、保湿和防止杂菌污染。为了防止杂菌污染，播种后10 d之内，室温要控制在15 ℃以下。播后两天，菌种开始萌发并逐渐向四周生长，此时每天都要多次检查培养料内的温度变化，注意将料温控制在30 ℃以下。若料温过高，应掀开薄膜，通风降温，待温度下降后，再盖上薄膜。料温稳定后，就不必掀动薄膜。10 d后菌丝长满料面，并向料层内生长，此时可将室温提高到20~25 ℃。发现杂菌污染，可将石灰粉撒在杂菌生长处，用0.3%多菌灵揩擦。此期间将空气相对湿度保持在65%左右。在正常情况下，播种后20~30 d菌丝就长满整个培养料。

（2）出菇期的管理。菌丝长满培养料后，每天在气温最低时打开菇房门窗和塑料膜1 h，然后盖好，这样可加大料面温差，促使子实体形成。还要根据湿度进行喷水，使室内空气相对湿度调至80%以上。达到生理成熟的菌丝体，遇到适宜的温度、湿度、空气和光线，就扭结成很多灰白色小米粒状的菌蕾堆。这时可向空间喷雾，将室内空气相对湿度保持在85%左右，切勿向料面上喷水，以免影响菌蕾发育，造成幼菇死亡。同时要支起塑料薄膜，这样既通风又保湿，室内温度可保持在15~18 ℃。菌蕾堆形成后生长迅速，2~3 d菌柄延伸，顶端有灰黑色或褐色扁圆形的原始菌盖形成时，把覆盖的薄膜掀掉，可向料面喷少量水，保持室内空气相对湿度在90%左右。一般每天喷2~3次，温度保持在15 ℃左右。

5. 采收

当平菇菌盖基本展开，颜色由深灰色变为淡灰色或灰白色，孢子即将弹射时，是平菇的最适收获期。这时采收的平菇，菇体肥厚，产量高且味道美。采收时，要用左手按住培养料，右手握住菌柄，轻轻旋扭下来。也可用刀子在菌柄基部紧贴料面处割下。采大朵留小朵，一般情况下，播种一次可采收3~4 批菇。每批采收后，都要将床面残留的死菇、菌柄清理干净，以防止下批生产烂菇。盖上薄膜，停止喷水 4~5 d，然后再少喷水，保持料面潮湿。经 10 d 左右，料面再度长出菌蕾。仍按第一批菇的管理方法管理。

（二）平菇栽培注意事项

1. 菇场选择

选择具有增温和保温条件的菇场，如备有增温条件的室内菇房、温度较高的地下菇场以及采用塑料大棚栽培的阳畦菇场等。

2. 菌株选用

冬栽平菇按产菇期的安排可分冬栽冬出和冬栽春出两种。前者选用低温型品种或中低温型品种较为适宜，后者则必须选用中低温型和中温型品种。具体品种的选用应按产菇末期的环境温度来确定。加大接种量，使平菇菌丝尽快占全料面，控制杂菌生长。平菇菌丝发好后入棚以前，栽培棚一定要预先消毒，以免引起杂菌污染。

3. 精细选料

一定把好选料与配料关。要洁净的原料，并搞好消毒处理，在配料时不可随意添加化学肥料，只有在堆料发酵种植平菇时，才能适量添加尿素补充氮源。同时，在配料过程中，要特别注意培养料的湿度，水分含量不可过高或过低，否则对发菌都不利。一定要选择新鲜、无霉变的玉米芯，在装料以前要选择晴天，在太阳下暴晒 2 d 以杀死培养料中杂菌。

4. 冬管措施

冬栽平菇必须保证培养料的温度达到菌丝生长的最低限温

度，否则播下的种块不能定植吃料，时间一长反会因自身的能量消耗造成菌种活力下降。提高料温的方法除利用菇场具备的增温和保温条件外，还可以采用培养料预先堆积发酵和热水拌料等措施。菌丝培养成熟后必须强调温差刺激措施，否则会出现迟迟不能出菇的现象。出菇结束后，棚内杂物要及时清理干净，有污染的菌袋要挖坑埋掉或烧掉，盖棚塑料布要全部揭掉，晾棚以便翌年再种。

5. 及时采收

平菇采收要及时（最好八成熟），以免平菇孢子携带杂菌感染其他没有生病的菌袋。采完一潮菇后，一定要及时清理料面，降低棚内温度，使平菇菌丝恢复生长，重新扭结出菇。

三、金针菇

（一）栽培季节

金针菇属于低温型的菌类，菌丝生长范围 7~30 ℃，最佳 23 ℃；子实体分化发育适应范围 3~18 ℃，以 12~13 ℃生长最好。温度低于 3 ℃菌盖会变成麦芽糖色，并出现畸形菇。

人工栽培应以当地自然气温选择。

（二）出菇管理

1. 出菇管理工序

（1）全期发菌的出菇管理工序。全期发菌的栽培袋出菇期的管理工序为解开袋口→翻卷袋口→堆袋披膜→通风保湿催蕾→掀膜通风 1 d→披膜促柄伸长→采收→搔菌灌水→保温保湿催蕾。管理方法同前，直至收获 4 茬菇。

（2）半期发菌的出菇管理工序。半期发菌的栽培袋，在培菌期内，菌丝发满半袋后，两端即有幼菇形成，此时应及时按全期发菌的管理方法将菌袋移入栽培场。

2. 搔菌

所谓搔菌就是用搔菌机（或手工）去除老菌种块和菌皮。通过搔菌可使子实体从培养基表面整齐发生。搔菌宜在菌丝长满袋并开始分泌黄色水珠时进行。菌袋转入菇棚前要消毒、喷水，使菇棚内的湿度为 85%~90%。打开袋口，用接种铲或钩将老菌种扒去，并把表面菌膜均匀划破，但不可划得太深。搔菌后将菌袋薄膜卷下 1/2，摆放在床架上，袋口上覆盖薄膜或报纸，保温、保湿，防菌筒表面干裂。

3. 催蕾

搔菌后应及时进行催蕾处理。温度应保持在 10~13 ℃，空气湿度为 85%，但在头 3 d 内，还应保持 90%~95% 的空气相对湿度，使菌丝恢复生长。当菇蕾形成时，每天通气不少于 2 次，每次约 30 min。每次揭膜通风时，要将薄膜上的水珠抖掉。并有一定散射光和通气条件。

经 7~10 d 菇蕾即可形成，便可看到鱼籽般的菇蕾，12 d 左右便可看到子实体雏形，催蕾结束。

4. 抑菌（抑菌也叫蹲蕾）

抑菌是培育优质金针菇的重要措施，宜在菇蕾长为 1~3 cm 时进行。将菇棚内的温度降为 8~10 ℃，停止喷水，加大通风量，每天通风 2 次，每次约 1 h。在这种低温干燥条件下，菇蕾缓慢生长 3~5 d，菇蕾发育健壮一致，菌柄长度整齐一致、组织紧密、颜色乳白、菇丛整齐。

5. 堆袋披膜出菇法

将菌袋两端袋口解开，将料面上多余塑料袋翻卷至料面。可根据袋的长短决定一端解口或两端解口，一端解口摆放方法是将两个袋底部相对平放在一起，高度以 5~6 袋为宜，长度不限。在出菇场内地面及四周喷足水分，然后用塑料膜覆盖菌袋。此法保温保湿良好，后期又可积累二氧化碳，有利于菌柄生长。

（三）采收

采收的标准是菌盖轻微展开，鲜销的金针菇应在菌盖6~7分开时采收，不宜太迟，以免柄基部变褐色，基部绒毛增加而影响质量。

四、黑木耳

（一）栽培场地及季节

可利用蔬菜大棚、空闲场地、阳台、楼顶、林果树荫下等场地，但要临近水源，通风好，远离污染源。

栽培季节以当地气温稳定在15~25℃时为最佳出耳期进行推算。

（二）发菌管理

1. 发菌管理

室温应控制在20~25℃为宜。每天通气10~20 min，空气相对湿度保持在50%~70%，如超过70%，棉塞易生霉。培养室光线要接近黑暗。在培养期间尽可能不搬动料袋，必须搬动时要轻拿轻放，以免袋子破损，污染杂菌。培养40~45 d菌丝长到袋底后，即可移到栽培室进行栽培管理。

2. 黑木耳发菌常见问题的补救措施

（1）进入发菌室5 d内，其他管理正常，如果发现70%以上的菌袋种块不萌动，也没有杂菌污染，属杀菌时间短，应立即全部回锅重新杀菌后再利用。

（2）进入发菌室7 d内，如果发现霉菌污染数量超过1/3，不论是何原因，必须挑出污染部分，重新杀菌再利用。

（3）进入发菌室10 d后，如发现菌丝吃料特别慢或停止生长，如果原料没有问题，就是袋内缺氧造成，要清除残菌、补充新料，重新灭菌再利用，并改进封口措施。

（三）出耳管理

室内床架栽培常采用挂袋法。操作方法是：除去菌袋口棉塞和颈圈，用绳子扎住袋口，用 1% 的高锰酸钾溶液或 0.2% 克霉灵溶液清洗袋的表面，并用锋利的小刀轻轻将袋壁切开三条长方形洞口，上架时用 14 号铁丝制成"S"形挂钩，将袋吊挂到栽培架的铁丝上。按子实体生长阶段对温湿度和空气的要求进行管理。亦可采用吊绳挂袋出耳。

在自然温度适宜的季节也可在树荫下或人工阴棚中进行室外栽培，栽培方法仍以挂袋法为佳，如在地面摆放，应采取措施，防止泥土飞溅到木耳片上及木耳与地面的直接接触。

（四）采收

成熟的耳片要及时采摘。子实体成熟的标准是颜色由深转浅，耳片舒展变软，肉质肥厚，耳根收缩，子实体腹面产生白色孢子粉。袋栽一般两周。但栽培袋所处的位置不一致，成熟时间也不一致，故需分批采收。采摘时用手抓住整朵木耳轻轻拉下，或用小刀沿壁削下，切忌留下耳根。总的要求是：勤摘、细拣、不使流耳。段木栽培春耳和秋耳要拣大留小，伏耳则要大小一起采。

五、杏鲍菇

（一）栽培季节的选择

栽培季节的选择主要是要考虑到杏鲍菇的出菇温度。要选择适合杏鲍菇出菇气温的季节。一般为春初，秋末冬初的季节出菇。杏鲍菇出菇适宜的温度一般为 10~15 ℃。

（二）菌袋制作

按照配方把各个原料称好，混合均匀，加水搅拌，要把含水量控制在 60%~65%，栽培鲍菇的塑料袋可以用（15~17）cm×35 cm 的聚丙烯塑料袋或低压高密度聚乙烯袋，也可以用 12 cm×28 cm 的小袋。两头用绳扎紧，按照常规方法灭菌。灭菌后接种，接种后就进入了菌袋培养阶段。

（三）菌袋培养管理

在菌袋培养阶段，要保持培养环境中光线很弱，空气相对湿度保持在 60%~65%，温度保持在 20~25 ℃。同时，培养室经常通风换气。在正常情况下，经过 30~40 d，菌丝就可以发满袋了。接着就进入出菇管理阶段。

（四）采收

杏鲍菇生长一段时间后，当菇盖平展、颜色变浅、孢子还没有弹射时，就可以采收了。或者按照客户的要求来采收。适当地提前采收，杏鲍菇的风味好，而且保鲜时间较长。在采收前的 2~3 d，把空气相对湿度控制在 85% 左右更好。

在采收完以后，要及时清除料面，去掉菇根，及时补水。再培养 15 d 左右，又可以生长出第二潮菇了。

第五节 中药材

一、三七

（一）选地整地

三七适宜生长于温暖地带，因其抗湿能力弱，应选择排水良好的斜坡地（坡度20°~30°）。种三七的土壤最好是肥黑疏松或带沙质的黑土，次为灰土，黏性较大的则不宜种植。

（二）采种育苗

于 11—12 月间采种时，选择 3~4 年无病虫害的植株种子，最好在阴天随采随播。如将种子收回，则只宜阴干，不宜在阳光下暴晒。收回种子，最多不超过 15 d，否则发芽率低。

（三）收获与加工

三七种植 3~4 年后即可采收，若三七无其他毛病，可继续留种 10 年以上（三七头越大越好）。采收一般在每年的 6—7 月（即开花之前）进行，这时所采收的三七根茎多为圆罐状，饱满结实（俗称春七），质量好；开花后采收的三七，质量较差。

二、黄芪

（一）选地与整地

黄芪是深根性植物。平地栽培应选择地势高、排水良好、疏松而肥沃的砂壤土；山区选择土层深厚、排水好、背风向阳的山坡或荒地种植。土壤瘠薄、地下水位高、土壤湿度大、低洼易涝，均不宜种植黄芪。以秋季翻地为好，一般深翻 30~45 cm，结合翻地施基肥，亩施充分腐熟符合无害化卫生标准的农家肥 2 500~3 000 kg、过磷酸钙 25~30 kg；春季翻地要注意土壤保墒，然后耙细整平，作畦或垄，一般垄宽 40~45 cm、垄高 20 cm，排水好的地方可作成宽 1.2~1.5 m 的宽畦。

（二）繁殖方法

黄芪繁殖可用种子直播或育苗移栽的方法。直播的黄芪根条长，质量好，但采收时费工；育苗移栽的黄芪保苗率高，产量高，但分叉多，外观质量差。

（三）种子直播

春、夏、秋 3 季均可播种。春播于 4 月下旬至 5 月上旬，一般地温达到 5~8 ℃时即可播种。夏播于 6 月下旬至 7 月上旬。秋播于 10 月下旬至地冻前 10 d 左右进行播种较好。

播种方法主要采用条播和穴播。条播按 20~30 cm 行距，开 3 cm 深的浅沟，种子均匀撒入沟内，覆土 1~2 cm，每亩播种量为 2~2.5 kg。播种后当气温达到 14~15 ℃，湿度适宜，10 d 左右大部分即可出苗。穴播在垄上 20~25 cm 距离开穴，每穴点 4~5 粒种子，覆土 3 cm 厚，每亩播种量约 1 kg。

（四）育苗移栽

选土壤肥沃、排灌方便、疏松的砂壤土，要求土层深度在40 cm 以上。在春夏季育苗，可采用撒播或条播。撒播：直接将种子撒在平畦内，覆土2 cm，每亩用种子量为7 kg，加强田间管理，适时清除杂草；条播：按行距15~20 cm 播种，每亩用种量为5 kg 左右。可在秋季取苗贮藏到翌年春季移栽，或在田间越冬，翌年春季边挖边移栽。起苗时应深挖，严防损伤根皮或折断苗根。

（五）采收与初加工

1. 采收

黄芪以3~4 年采挖的质量最好。采收于秋季地上部分茎叶枯萎后进行，先割除地上部分，然后挖取全根，采收时注意不要将根挖断或碰伤，以免造成减产或商品质量下降。一般亩产干货150~250 kg。

2. 初加工

根挖出后，去净泥土，剪掉残茎、根须和芦头，晒至七八成干时剪去侧根及须根，分等级捆成小把再晒至全干，即成商品。

三、桔梗

（一）土地的选择

桔梗适宜生长在较疏松的土壤中，尤喜坡地和山地，以半阴半阳的地势为最佳，平地栽培要有良好的排水条件。桔梗不宜连作。

（二）整地

桔梗有较长的肉质根，因此最好垄上栽培。于早春（4月中下旬）撒上农家肥，将地翻耕耙细整平（深翻30 cm）。做垄时，先在地上隔2m 打上格线，开沟，然后将沟里的土向两边分撩，做成垄宽 1.7 m、沟宽 30 cm 左右的垄床，如遇旱，可沿沟灌溉，以备播种。

(三) 选用良种

桔梗种子应选择 2 年生以上非陈积的种子（种子陈积 1 年，发芽率要降低 70%以上），种植前要进行发芽试验，保证种子发芽率在 70%以上。发芽试验的具体方法是：取少量种子，用 40~50 ℃的温水浸泡 8~12 h，将种子捞出，沥干水分，置于布上，拌上湿沙，在 25 ℃左右的温度下催芽，注意及时翻动喷水，4~6 d 即可发芽。

(四) 播种

桔梗可春播也可夏播。春季播种应在 5 月中旬左右，即在地温达到 15 ℃以上时播种；夏季应在 7 月下旬之前播种。播种前先在垄床上按行距 20 cm，开 5 cm 宽、2 cm 深的小沟，将种子均匀撒入，每亩用种 1~1.2 kg，随后立即覆盖腐熟的细粪土或腐质土，覆土深度约 3 cm，一定要深浅一致。播种后覆盖覆盖物，然后用敌杀死 2 000 倍液喷施墙面防地下害虫，以确保出苗率。

(五) 施肥

桔梗在大田播种前可亩施农家肥 2 000~3 000 kg、粮食复合肥 40 kg、过磷酸钙 30 kg，为防治螨可在翻倒农家肥时每吨加 1 kg 甲敌粉，与农家肥混合均匀在翻地前施入。后期追肥主要用清粪水或尿素，可在当年 7 月和翌年 7—8 月用尿素 25 kg 或清粪水进行追肥提苗。清粪水每亩每次可施 2 t 左右，浓度可在 10%左右，追肥后若浓度较大应及时用清水洗苗。

(六) 田间管理

干播的种子需 25 d 左右出苗，催芽播种的种子也需 10 d 左右出苗。待小苗出土后，及时除去杂草，小苗过密要适时疏苗，以每 100 cm^2 留 10~12 株为宜，间隔 5 cm 保留 1 株进行间苗（每亩6万株左右），并配合松土。后期也要适时进行除草。另外，桔梗花期较长，要消耗大量养分，影响根部生长，除留种田外要及时疏花疏果提高根的产量和质量。

（七）收获

桔梗收获时，可在割完地上植株后，将肉质根挖出，清除杂质并及时交售鲜货。

四、金银花

（一）栽植密度

金银花栽植密度可根据立地条件而定，一般墩行距1 m×（1.0~1.5）m，栽6 660~9 990株/hm²。为提高前期产量，可在建园时设置永久墩和临时墩，按墩行距50 cm×（50~75）cm，栽2.664万~3.966万株/hm²。第三年冬永久行隔墩去墩，临时行不动，墩行距为100 cm×（50~75）cm，第五年冬去掉临时行。

（二）土肥水管理

1. 土壤管理

金银花栽植后如土地条件较差，则重点是搞好水土保持。一是整修梯田、水平阶、鱼鳞坑，提高其保持水土的能力。二是深翻园地，熟化土壤。每年冬春都要结合施基肥进行深刨、扩穴、清墩等土壤管理工作，深度一般为30 cm，拾净碎石，整平地面，既可增加土壤的通透性和蓄水能力，又可消灭地下越冬害虫。

2. 施肥

金银花一般每年施基肥1次，追肥3~4次。基肥以有机肥为主，在11月至翌年3月施入。施肥时在花墩周围开环形沟，将堆肥与化肥混合施于沟内后再覆土，施肥量视花蔸大小而定，每墩施土杂肥10 kg、尿素30~50 g、过磷酸钙150~

200 g。追肥在发芽前及 1 茬、2 茬、3 茬花采收后施入，每次墩施尿素 30~50 g、过磷酸钙 150~200 g。

3. 浇水与排水

金银花的需水时期在一年的两头，一是春季芽萌动期（3月上旬），这时浇水，可提前发芽育蕾 2~3 d，花墩生长显著旺盛。二是封冬水，在初冬浇灌，可促进受伤根的愈合，提高地温，加速有机养分的分解，为翌年金银花的丰产打基础。雨季要做好排水工作，防止水土流失和冲坏梯田地堰。

（三）整形修剪

金银花修剪分两个时期，一是冬剪，于 12 月至翌年 3 月上旬进行；二是生长季节修剪，于 5 月至 8 月中旬进行。

（四）采摘与晾晒

1. 采摘

采摘金银花的时间要集中在每天上午，以当天的花能晒至七八成干为宜。无烘干条件的，下午采花要注意摊晒，防止过夜发热变黑。当天的大白针要当天采完，采不完者 16:00—17:00 会开放，影响金银花的产量和质量。

2. 晾晒

将采下花蕾放在晒盘内，厚度以 2~3 cm 为宜，以当天晒干为原则。若当天晒不干，晚上搬回屋内勿翻动，次日再晒至全干。

五、天麻

（一）选地与整地

宜选富含有机质，土层深厚、疏松的沙质壤土。以富含腐殖质、疏松、排水良好、常年保持湿润的生荒坡地为最好。土壤 pH 值 5.5~6.0 为宜。忌黏土和涝洼积水地，忌重茬。整地时，砍掉地上过密的杂树、竹林，清除杂草、石块，便可直接挖穴或开沟种植。

（二）菌材的培养

天麻的繁殖方法有两种，即块茎繁殖和种子繁殖。无论采用块茎繁殖还是种子繁殖，均需制备或培养菌种，然后用菌种培养菌材（即长有蜜环菌的木材），再用菌材伴栽天麻。优质的菌材是天麻产量和品质的根本保证，因此生产上也利用专业培育的菌材伴栽天麻。这是因为优质菌材木质营养丰富，蜜环菌生长势旺，天麻接菌率高，产量高，质量好。若用已腐的旧菌材直接伴栽天麻，则会因为木料缺乏营养，蜜环菌长势弱而影响天麻产量与质量。

（三）田间管理

1. 覆盖免耕

天麻栽种完毕，用树叶和杂草覆盖畦面，保温保湿，防冻和抑制杂草生长，防止土壤板结，有利土壤透气。

2. 水分调节

天麻和蜜环菌的生长繁殖都需要较多水分，但各生长阶段有所不同，总体上是前多后少。早春天麻需水量较少，只要适量水分，土壤保持湿润状态即可。

3. 温度调节

6—8月高温期，应搭棚或间作高秆作物遮阴；越冬前要加厚盖土并盖草防冻。春季温度回升后，应及时揭去覆盖物，减少盖土，以增加地温，促进天麻和蜜环菌的生长。

4. 除草松土

天麻一般不进行除草，若是多年分批收获，在5月上中旬剑麻出苗前应铲除地面杂草，否则剑麻出土后不易除草。蜜环菌是好气性真菌，空气流通有利其生长，故在大雨或灌溉后应松动表土，以利空气通畅和保墒防旱。松土不宜过深，以免损伤新生幼麻和蜜环菌菌索。

（四）采收

天麻一般在立冬后至翌年清明前采挖，此时正值新生块茎生长停滞而进入休眠时期。采收时，先将表土撤去，待菌材取出后，再取出剑麻、白麻和天麻，轻拿轻放，以避免人为机械损伤。选取麻体完好健壮的剑麻作有性繁殖的种麻，中白麻、小白麻、米麻作无性繁殖的种麻，其余加工成产品。天麻亩产鲜重一般为 1 200 kg 左右。

六、丹参

（一）选地与整地

丹参喜温暖湿润的环境。宜选阳光充足、排水良好、土层疏松肥沃的腐殖质地或沙质壤地，过于水涝或荫蔽处均不宜栽培。可种植在山坡、田园、庭院周围旷地，也可间作于桑地、茶园或果园中。可与玉米、小麦、薏苡、大蒜、蓖麻等作物或非根中草药轮作，不宜与豆科或其他根类中草药轮作。忌连作。种植前，每亩施堆肥或腐熟厩肥 2 000~3 000 kg，深耕细耙，作成宽 100~150 cm、高 20~30 cm 的畦备用。

（二）田间管理

1. 补苗

开春后，当丹参新苗出土后，首先要查看苗情，若有缺棵，应及时补上。

2. 中耕除草与施肥

丹参生长期，每年应中耕除草和施肥 2~3 次，第一次在 4 月中下旬，苗高 10 cm 左右进行，中耕除草后，亩施充分腐熟符合无害化卫生标准的人粪尿 1 000 kg，施在根旁；第二次在 6 月下旬，此时正是丹参生长和根系增粗的旺盛期，亩施较浓的腐熟人粪尿2 000 kg和过磷酸钙20~30 kg；第三次施肥通常在8月中下旬，此时是丹参生殖器官发育重要阶段，亩施腐熟的饼肥100~200 kg，另用2%的过磷酸钙根外喷肥，可以促使种子充实，提早成熟。

3. 排灌

注意做好灌溉和雨季排积水工作。丹参生长期不可干旱，尤其是出苗期和移栽期，干旱时及时浇水，经常保持土壤湿润，否则叶片焦脆，影响生长和根的产量。雨季及时排水，避免水涝，造成烂根。

（三）采收

用芦头、分根繁殖的丹参一般于栽后翌年的10—11月地上部分枯萎或第三年春没有发芽前采收；种子繁殖的一般在第三年秋或第四年春采收。采收宜选晴天。由于丹参根系疏散且脆嫩易断，故采挖时应注意先刨根际周围泥土，再将整个根苑挖出。每亩产干品丹参药材150~200 kg，丰产田可达300 kg。

七、当归

（一）科学选苗

在选择育苗的过程中，应尽量选择表面光滑、侧根较少、较为柔软、没有病害以及机械损伤，百苗重为80~100 g 的种苗。在土壤解冻以后，就可以进行栽种。

（二）除草管理

通常在每年的4月底至5月初就要对当归进行第一轮除草处理。在实际的除草过程中，应尽量选择人工方式，从而有效减少化学类除草剂对当归的生长以及质量所造成的影响。

（三）采收

当归通常在霜降已经结束的10月底进行采收。在实际的采收过程中，通常采用人工挖掘的方式，以防因损伤当归头而使当归的完整性受到破坏。

八、柴胡

(一) 品种选择

柴胡的品种有北柴胡、南柴胡等多个品种，在播种前应根据当地的气候条件，选择适宜的品种。

(二) 整地施肥

选择肥沃、疏松、不积水的大田或缓坡山地种植。每亩施入腐熟农家肥 2 500 kg、过磷酸钙 50 kg、硫酸钾 20 kg 作基肥，深耕 30 cm，整平耙细，作 110 cm 宽的平畦。雨水偏多的地区可做 130 cm 宽的高畦，畦的四周挖好排水沟。

(三) 田间管理

一般来说，柴胡齐苗后，要注意防旱保苗。在苗高 5 cm时，间苗、定苗。株距 5~8 cm，行距 15~20 cm。

从柴胡出苗开始到柴胡的整个生育期内均要随时除草。根据旱情，随时浇水，在生长期还可追肥，最重要的是在柴胡开始抽薹时，要打花薹，以利增产。

(四) 收获加工

播后第二年 10 月下旬，割去地上部分，晒干，扎捆，即为软柴胡。沿畦一端开沟，仔细挖出根条，晒干即为商品。

九、半夏

(一) 种植模式

半夏的栽植研究和试验表明，在采用的各类种植模式中，套种和间作模式的应用获得了不错的成效，能够改善半夏生长的微环境，有助于增加半夏的产量，并且能够提高土壤空间的利用率。

(二) 播种期与播种量

从半夏的栽培实践来说，做好播种期的控制，对保证半夏发芽生根的效果有积极作用，其直接影响着半夏的出苗次数和倒苗次数。因为各个区域的海拔高度以及水热条件存在差异，因此要结合半夏的特性，同时根据区域的生态环境特点，选择半夏的最佳播种期。若想保证半夏实现高产栽培，则需做好播种量的严格把控。

(三) 施肥

从土壤养分的角度来说，养分的高低对植物品质以及产量有很大影响，因此为实现半夏高产优质高效栽培，要做好施肥的控制。为保证施肥的合理性，需要做好土壤养分情况的调查，合理运用施肥技术，保证半夏的品质以及产量。半夏的优化栽培模式施肥量如下：①有机肥为 $4.28 \sim 4.72 \ kg/m^2$；②氮量为 $16.04 \sim 18.01 \ g/m^2$；③磷肥为 $25.06 \sim 28.94 \ g/m^2$。半夏块茎产量能够达到 $1.5 \ kg/m^2$。需要注意的是，施加肥料时需结合土壤肥力实际情况开展，保证土壤养分的平衡性，为半夏提供优质的生长环境以及条件。

(四) 采收和加工

实现半夏高产优质高效栽培的目标，需做好采收和加工环节的把控。在具体实践中，合理选择采收时间和加工时间，对保证半夏的产量和质量有很大影响。若采收时间过早，半夏块茎发育不完全，那么产量以及有效成分含量会很低；若采收过晚，则难以去皮，同时影响产品的粉性。应结合半夏的生长情况以及栽培区域的气候特点，合理选择采收以及加工的时间，做好全面的把控。

十、党参

(一) 整地

选择土层深厚、肥沃疏松、排水良好的沙质壤土，不宜选择黏土、低洼地、盐碱地种植。前茬以豆类、薯类、油菜、禾谷类等作物为好，不可连作，轮作周期要 3 年以上。深翻

30 cm，秋后耙糖收墒。随整地施入充分腐熟的农家肥2 000 kg/亩。播前浅耕时，施入50%锌硫磷300 g/亩。

(二) 育苗

春播在3月中旬。遇干旱可等雨播种。播种量为每亩1.5~3.0 kg，干旱时增大播种量。覆土厚度为0.2~0.4 cm，稍加镇压，播后立即用小麦秸秆覆盖，厚度约5 cm，也可用遮光率65%的遮阳网覆盖。随时除草。苗生长到5 cm时间苗，苗间距3~5 cm。

(三) 田间管理

移栽后及时除草。党参移栽后杂草生长迅速，与党参苗争肥、争水、争光，如不及时拔除，将影响党参生长。一般在移栽后30 d苗出土时第一次中耕除草，苗蔓长5~10 cm时第二次中耕除草，及苗蔓长25 cm时第三次中耕除草。藤蔓层过厚影响植物光合作用，可割去生长过旺的枝蔓茎尖20 cm左右。在苗高30 cm时，用细竹竿或树枝等进行搭架。6—7月盛花期出现缺肥症状时可用0.2%磷酸二氢钾喷洒叶面。雨季注意排水。

(四) 采收与加工

二年生收获。霜降之后，党参地上部变黄干枯，用镰刀割去地上藤蔓，再起挖。按粗细大小分等级，在干燥通风透光处的晾晒数日，根系变柔软，用细线串成1 m长的串，晒干或烘干至含水量在15%以下。避免用硫黄熏蒸。

十一、川芎

(一) 选地整地

宜选海拔1 200 m以上，气候凉爽的中高山阳山面，或半阴半阳、土壤肥沃、地势较平坦的黏壤土。不能用前一二年曾经育过苓子的土地，否则病虫害严重。坡度过大、瘠薄、保水困难的地块不宜选用。选好地后，深翻30 cm，耙细整平，依地势和排水条件开厢，厢宽 1.6 m 左右，厢间开沟，沟深 15～20 cm、沟宽 20～25 cm，土地四周挖好排水沟。

（二）田间管理

（1）补苗。因栽了变质或损伤苓子或出苗后受干旱枯死、病虫害损伤等原因，常发生缺苗。应选择阴天，挖取"扁担苓子"和"封口苓子"补苗，补苗时应带土移栽，补后必须浇水，成活率才高。补苗工作必须在秋分（9 月 23 日）前结束。过迟会造成所补之苗只长茎叶，根茎膨大差，形成无效补苗。

（2）中耕除草。8 月下旬齐苗后，浅锄中耕 1 次并将稻草集中覆盖在川芎行间，以防止行间生杂草，同时稻草腐烂后，成为土壤有机质以后只拔杂草不中耕。翌年 1 月中下旬，当地上茎叶开始枯黄倒苗时进行，清理田间枯萎茎叶，并在根际周围培土，以利根茎越冬。这次培土，产区药农称"薅冬药"。

（3）肥水管理与生长控制。川芎喜肥，喜湿润，在施用一般农家肥料的基础上，加施氮、磷、钾肥能显著增产。从 9 月中旬起，每隔半个月施用 1 次腐熟猪粪水提苗。

（三）采收期

在川芎栽后第二年 5 月下旬至 6 月上旬（小满至芒种）收获，山区在 7 月中下旬至 8 月下旬收获。

第六节　水产品

水产养殖也是乡村振兴的重点项目，在适合水产养殖的地区大力推广名优水产品生态养殖技术是促进当地人们增收的重要举措。

一、水产生态养殖技术

（一）养殖场地选择

科学选址，避开有毒的化学污染地区或污染源，并对养殖环境和水质进行检测分析，以确定是否适于进行养殖生产。

（二）养殖水质

养殖用水必须符合国家渔业用水标准，做到水源清洁、无污染。养殖场所周边无污染企业。养殖过程中保持水质肥度适中，尽量采用循环过滤用水，必要时采用生物方法或环境改良方法处理水质，减少向自然水体排放养殖用水。

（三）养殖苗种

采用野生原种或经过育种技术培育的杂交种的受精卵或苗种，必须经过检验、检疫，符合相关标准，方可使用。

（四）饲料投喂

采用生物有机肥培育水质，利用水体浮游生物、有益微生物和底栖生物，作为养殖鱼类的天然饵料，适当投喂渔用配合饲料，使废弃有机物实现良性循环。渔用配合饲料必须符合养殖对象最佳生产营养需求和安全，不得添加激素类药物，不得使用违禁药物。

（五）病害防治

必须用药时，首选微生物制剂或低毒、高效、低残留的绿色药物。根据用药途径不同，在选择药品和剂量时，必须符合农村农业部的规定，合理确定渔药的使用期限和停药期，以减少鱼体药物残留。

二、蟹虾类

（一）蟹

1. 生态环境的营造

（1）清塘消毒。养殖池塘应认真做好清塘消毒工作，具体操作方法为在冬季进行池塘清整，排干池水，铲除池底过多的淤泥（留淤泥 5 cm），然后冻晒 1 个月左右。至蟹种放养前 2 周，可采用生石灰加水稀释，全池泼洒，用量为 150 ~

200 kg/亩。

（2）种植水草。在池塘清整结束后，即可进行水草种植。根据各地具体的环境条件，选择合适的种植种类，沉水植物的种类主要有伊乐藻、苦草、轮叶黑藻等，浮水植物的种类主要有水花生等。池塘内种植的沉水植物在萌发前，可用网片分隔拦围，保护水草萌发。

（3）螺蛳移殖。具体方法为每年清明节前河蟹养殖池塘投放一定量的活螺蛳，投放量可根据各地实际情况酌量增减。螺蛳投放方式可采取一次性投入或分次投入法。一次性投入法为在清明节前，每亩成蟹养殖池塘，一次性投放活螺蛳300~400 kg；分次投入法为在清明节前，每亩成蟹养殖池塘，先投放100~200 kg，然后在5—8月每月每亩再投放活螺50 kg。

2. 合理放养蟹种

蟹种要求选用体质好、肢体健全、无病害的本地自育的长江水系优质蟹种。放养蟹种规格为100~200只/kg，投放量为500~600只/亩，可先放入暂养区强化培育。蟹种放养时间，为3月底至4月中旬，放种前1周加注经过滤的新水至0.6 m。

3. 科学饲养管理

河蟹养殖饲料种类，分为植物性饲料、动物性饲料和配合饲料。各种饲料的种类和要求为：植物性饲料可用豆饼、花生饼、玉米、小麦、地瓜、土豆、各种水草等；动物性饲料可用小杂鱼、螺蛳、河蚌等；配合饲料应根据河蟹生长生理营养需求，按照规定制作。

4. 池塘水质调节与底质调节

池塘水质要求原则为"鲜、活、嫩、爽"。养殖池塘水的透明度应控制在30~50 cm，溶解氧控制在5 mg/L以上。养殖池塘水位3—5月水深保持0.5~0.6 m，6—8月控制在1.2~1.5 m（高温季节适当加深水位），9—11月稳定在1~1.2 m。

在整个养殖期间，池塘每2周应泼洒1次生石灰。生石灰用量为10~15 kg/亩。

河蟹养殖期间，应尽量减少剩余残饵沉底，保持池塘底质干净清洁，如有条件可定期使用底质改良剂（如微生物制剂），使用量可参照使用说明书。

(二) 小龙虾

1. 池塘准备

（1）池塘条件。小龙虾对养殖池塘条件要求不高，面积一般在10亩左右，水深在1~1.5 m，设浅水区和深水区，浅水区占全池2/3左右，池塘土壤以黏土或壤土为宜，保水性好。塘底平坦，塘埂坚实坡比为1:2.5，两侧挖有洼漕，便于排水，四周野杂树木要清除干净，光照充足。建造进排水设施，水源要求清洁无污染。

（2）施肥种草。水草种植面积占全池的1/3~1/2，水草品种有马来眼子菜、伊乐藻、轮叶黑藻、水葫芦等。养殖池中要架设微机增氧设施，风机功率每亩配备0.2 kW。每亩水面施用腐熟的有机肥500 kg，培育线虫、枝角类、桡足类等浮游生物。池水水深保持在30 cm，待水温正常回升，清塘前种植水草。

2. 苗种放养

3—5月放养规格150~300尾/kg的龙虾苗0.8万~1.5万尾/亩，如池塘条件好，养殖经验足的可增加到2万尾/亩以上。放养时间通常在3—5月进行，有些地区在10—11月放养种苗，这时的幼虾个体较小，并且要经过越冬，因放养量适当提高，一般每亩放养1.5万~2万尾。同一池塘放养的虾苗规格要求整齐，1次放足。因小龙虾有地域占有习性，1次放足可避免造成领地争端，减少相互残害。种苗要求体质健壮，附肢齐全，无病无伤，生命力强。虾种购回后，不应立即下塘而

应浸水处理，每次浸水时间 2 min 左右，间隔 3~5 min，持续
2~3 次，让其充分吸水，适应池水温度，以促进成活率。也可
直接用池水缓冲 10 min，再放入塘中。放养前用 3%~5% 的食
盐水浸泡 10 min 左右，杀灭寄生虫和致病菌。

3. 饵料投喂

以天然饵料和人工饵料相结合，根据龙虾生长特点，要求
幼虾饲料蛋白质含量大于 30%，成虾的饲料蛋白质大于 20%，
饲料溶散时间在 5 h 以上。日投喂两次分别在 7∶00—9∶00 和
17∶00—18∶00，以傍晚为主，傍晚投饵量占日投饵量的 70%，
在春季和晚秋水温较低时，傍晚投喂 1 次即可。饲料应在岸边
浅水处，池中浅滩和虾穴附近多点散投，投喂量以 2 h 吃完
为度。

4. 水质调控

实时控制进排水量和池塘水位。养殖小龙虾的池水要掌握
"春浅夏满，先肥后瘦" 的原则。早春适当施肥透明度控制在
30 cm 左右，夏季透明度控制在 40 cm 以上。养殖后期每周加
水或换水一次，每次 15~30 cm。高温季节每 3~5 d 换水 1 次，
每次换水 30 cm，保持水体 "嫩、活、爽"。养殖期间每隔
15~20 d 泼洒 1 次生石灰，用量为每亩 10 kg，或泼洒 1 次微
生物制剂。养殖池塘的水位要根据季节的变化而定，春季水位
一般保持 0.6~1 m，夏季水位可控制在 1.5 m 左右。

5. 捕大留小

小龙虾由于个体生长发育速度差异较大，养殖过程中要及
时捕大留小，稀疏存塘虾量。苗种放养 1 个多月后就可以开始
捕捞，一般用地笼诱捕，地笼网目要大一点，在 2 cm 以上，
减少幼虾的捕出率。捕捞的动作要快、轻，拣出的幼虾要及时
回塘，这样有利于虾的生长，提高产量。也可根据季节差，掌
控好捕捞强度。在捕捞中发现有红壳虾，无论大小要及时捕

出，因小龙虾蜕 1 次壳生长 1 次，红壳虾几乎不再蜕壳，无饲养价值。在 10 月底除计划留种塘外，捕出池中所有的虾，清塘消毒，准备翌年养殖。

三、黄鳝

（一）严格控制有害物质进入养殖水体

除了防止水源污染外，应注意控制自身污染。饵料投喂应掌握好用量，鳝种培育时坚持"四定"原则，投喂量以鳝鱼体重的 6%~7% 全池遍洒，以免群集争食造成生长不匀；鳝鱼养殖时，重点根据水温、天气和饵料质量等灵活掌握，日投喂量可控制在黄鳝体重的 1%~6%，鲜活饵料投喂量为鳝总重的 10%~20%，及时捞去残饵，保持水质良好；用药消毒或治疗鳝病时，应准确计算，不能过量；水稻防治病虫害时，应选用高效低毒农药，配制的药液应在水稻叶面干时喷雾，粉剂应在水稻叶面有露珠时喷洒，避免药液（粉）落入水中，用药后及时换水，尽量降低水中药液浓度，避免黄鳝发生药害。

（二）黄鳝生态养殖药物使用要求

进行绿色黄鳝养殖，生产过程应坚持"全面预防、积极治疗"的方针，强调"以防为主、防重于治、防治结合"的原则。所以，在黄鳝养殖生产中，应熟悉黄鳝营养需求和养殖生态生理学等知识，进行科学养殖；熟悉病害发生的原因及常见症状，做到预先防范，在生产的不同阶段，适当使用药物进行防治。这样可有效降低或防止在水体交换、亲本和种苗流通等过程中病害的扩散，使初发病害得到及时治疗和控制。

许多药物犹如"双刃剑"，一方面具有有利作用，另一方面有不利影响。如对养殖对象本身的毒害，可能产生二重感染、产生抗药性、对环境产生污染、通过水产动物积累对人体产生有害作用等。所以进行绿色养殖生产应尽量减少用药；逐步以生物制剂替代化学药物，以生态养殖防病替代使用药物，进行良种选育和提高免疫力等。在必须用药时应严格遵照国家规定的渔用药物使用准则。

养殖过程中认真执行水产品中渔药残留限量要求和渔用配合饲料安全限量要求，并按照绿色水产品养殖技术和要求及其国内外有关药物使用的规定及其允许残留标准，不断发展和提高养殖防病技术。

四、泥鳅

（一）健康养殖与绿色生产的必要性

环境污染和资源消耗是当今人类面临的危机与挑战。随着经济全球化和我国经济持续发展，环境和资源两个问题日益引起世人的关注，渔业环境和水资源所受影响首当其冲。

在现代生活中，随着现代化进程的加快，人们对水资源需求的日益增加，带来的是水污染程度的日趋严重，导致水资源短缺的环境问题日显突出。保护水资源和水环境是可持续发展战略的重要内容。水产养殖是以水为载体的渔业生产，传统的水产养殖对水资源的消耗量大，既带来养殖自污染，又排放大量的养殖废水污染环境，还加剧了对水域生态环境的破坏。因此，发展以水产养殖环境工程技术作依托的节水型无害化的工厂化养殖、生态养殖是 21 世纪水产养殖的方向。

（二）泥鳅健康养殖基地的建立和管理

要进行绿色泥鳅生产，不仅应建立符合一系列规定的绿色泥鳅水产品基地，而且要有相应的绿色生产基地的管理措施，只有这样，方能保障绿色生产顺利进行，生产技术和产品质量不断提高，其产品才能进入国内外市场。绿色农副产品生产基地建立还刚刚开始，其管理方法也一定会随绿色生产科学技术的发展及市场要求而不断完善和提高。下面将泥鳅健康养殖基地管理的一般要求列举如下，以供参考。

（1）泥鳅健康养殖基地必须符合国家关于绿色农产品生

产条件的相关标准要求，使泥鳅在养殖过程中有害或有毒物质含量或残留量控制在安全允许范围内。

（2）泥鳅健康养殖基地是按照国家及农业行业有关绿色食品水产养殖技术规范要求和规定建设的，应是具有一定规模和特色、技术含量和组织化程度高的水产品生产基地。

（3）泥鳅健康养殖基地的管理人员、技术人员和生产工人，应按照工作性质不同需要熟悉、掌握绿色生产的相关要求、生产技术及有关科学技术的进展信息，使健康养殖基地生产水平获得不断发展和提高。

（4）泥鳅健康养殖基地应布局合理，做到生产基础设施、苗种繁育与上市的商品泥鳅等生产、质量安全管理、办公生活设施与健康养殖要求相适应。已建立的基地周围不得新建、改建、扩建有污染的项目，需要新建、改建、扩建的项目必须进行环境评价，严格控制外源性污染。

（5）泥鳅健康养殖基地应配备相应数量的专业技术人员，并建立水质、病害工作实验室和配备一定的仪器设备。对技术人员、操作人员、生产工人进行岗前培训和定期进修。

（6）泥鳅健康养殖基地必须按照国家、行业、省颁布的有关绿色水产品标准组织生产，并建立相应的管理机构及规章制度。例如饲料、肥料、水质、防疫检疫、病害防治和药物使用管理、水产品质量检验检测等制度。

第四章　畜牧生态养殖技术

家畜家禽的养殖效益较高，因此其成为很多地区的饲养首选。

第一节　鸡

一、选好品种

应选择品质好、适应性强、风味独特的地方肉鸡品种。

二、做好育雏准备工作

（1）时间选择。一般育雏工作大都在春季进行。因为春季气温适中，适合雏鸡的生长发育，雏鸡成活率较高、生长速度较快。

（2）用品准备。认真检查和修好育雏鸡常用的饲料槽、饮水槽、鸡舍、保温设备等，将鸡舍内外环境打扫干净，并准备好育雏鸡常用药品和疫苗。

（3）环境处理。用百毒杀药液对养鸡场地和垫料进行彻底的消毒。如果是在地面平养雏鸡，可在地面铺垫 30 cm 厚的木屑或秸秆，以利于保温，减少鸡白痢病的发生。在雏鸡进舍前 3 d，应对鸡舍进行加温预热，使舍内温度保持在 33 ℃ 左右，湿度保持在 65% 左右。

三、做好雏鸡饲养管理工作

（1）及时喂水。对 1 日龄雏鸡，喂食前可用 8% 的糖水溶液供鸡饮用，以提高雏鸡成活率；对 2~5 日龄雏鸡，喂食前可用 0.02% 的高锰酸钾溶液供鸡饮用，以提高雏鸡的抗病能力，防止雏鸡感冒。

（2）及时喂食。雏鸡饮水后 3 h，及时投喂用热水浸湿的碎米或小米等饲料。3 d 后，改投全价配合饲料，让雏鸡自由采食。

（3）饲养管理。对初次开食的雏鸡，要进行人工训练啄食，饲喂量要逐日适当增加。在使用全价配合饲料时，千万不要添加抗生素和其他违禁药品。如果要提高饲料的适口性，可在饲料中适量添加洗净切碎的青菜叶。投喂饲料应坚持定时定量原则。20 日龄后，可在饲料槽中添加适量的砂砾，以提高雏鸡的消化能力。在夜间，鸡舍内要有人员值班，以便随时观察舍内温度，防止舍温不匀而造成雏鸡脱水，并防止雏鸡扎堆取暖而使下层雏鸡被压死。

（4）温度调节。鸡舍内的温度是否适宜，是雏鸡养殖成败的关键。刚出壳的雏鸡，自身温度调节能力很差，所以鸡舍内的温度要保持在 33 ℃左右。以后每隔 3 d，降低 0.5 ℃，直到降温至与外界温度持平为止。确定舍内温度是否适宜，除了用温度计观察外，还应观察雏鸡的活动表情。如果温度适宜，雏鸡会很活泼、食欲良好、分布均匀、饮水适当、睡觉时不扎堆、不尖叫、很安静。

（5）通风换气。雏鸡新陈代谢旺盛，每天的排粪量较多。粪便被微生物分解后，会产生大量的有毒气体，严重影响雏鸡的正常生长。因此要随时打开鸡舍窗口进行通风换气，以排出有毒气体和二氧化碳，增加舍内氧气量，满足雏鸡健康生长发育的需要。

（6）光照管理。对 1~4 日龄的雏鸡，每天采用 24h 光照，光照强度为 4 W/m^2。以后每隔 4 d 减少 0.5 h 光照，直到白天与夜间的光照时间持平为止。每隔 4 d，把雏鸡放到舍外去活动、晒太阳，以增强其体质，提高雏鸡的饮水和觅食能力，加快其生长发育速度。

（7）密度调节。1~3 日龄雏鸡，养殖密度控制在 100~

130 只/m²；4~7 日龄雏鸡，养殖密度控制在 80~110 只/m²；8~14 日龄雏鸡，养殖密度控制在 50~80 只/m²；15~21 日龄雏鸡，养殖密度控制在 30~60 只/m²；22~30 日龄雏鸡，养殖密度控制在 20~40 只/m²。

（8）防疫消毒。对各种养鸡用具和鸡舍，要定期清洗和消毒。对鸡舍内外环境，每天要打扫干净，保持环境干燥卫生。对鸡群中的强鸡、弱鸡、病鸡等，要进行分群饲养。对健康鸡，要按计划进行疫苗接种，以提高雏鸡的抗病能力。

四、做好青年鸡的生态放养管理工作

（1）选好场地。可选择通风良好、环境清洁、光照充足、无污染的果园或草地等做养殖场地。先用尼龙网将整个养殖场地围住，然后按每 5 亩的面积，用尼龙网隔成小区，以防止青年鸡被盗或逃跑。

（2）建造鸡舍。在养鸡小区内，选择地势平坦处修建鸡舍。先用木棒捆绑成鸡舍木架，长 20 m、宽 5 m，木架顶部和四周用帆布遮盖和围住，并用小铁丝将帆布与木架连接牢固，以防止大风吹走帆布；鸡舍内每隔 50 cm 高横放 1 根直径为 6 cm 的竹竿，分 3 层横放，间距 50 cm，每根竹竿与木架用小铁丝捆绑，确保鸡舍牢固，用作青年鸡平常避风挡雨和夜间的栖息场所；每层竹竿下面铺一层塑料布，布上放些木屑，每天清除鸡粪时，可直接拉出塑料布，把鸡粪倒入垃圾车中，运出舍外进行无害化处理。

（3）放养密度。应根据果园或草地植被的实际情况，合理确定鸡的放养密度。一般在果园内，规格为 1 kg/只的青年鸡，放养密度以控制在 300~400 只/亩为宜。随着青年鸡的长大，应适时降低养殖密度。在鸡舍外，应根据青年鸡的大小，合理设置水槽和料槽，以保证每只鸡都能吃饱食、饮足水。

（4）免疫接种。按照计划和要求，及时接种鸡新城疫、马克立、传染性支气管炎等疫苗，以防止各种传染病的发生。

第二节　鸭

几种比较常见的生态养鸭技术模式如下。

一、生态放养

生态放养鸭，可利用林地、果园、荒山荒坡、农田、河堤、滩涂等自然生态资源，根据环境特点特性，充分利用林地昆虫、小动物及杂草等自然的动植物饲料资源，通过围网放养结合圈养或棚养的方式，进行鸭生态饲养的模式。鸭生态放养，可以利用林地、果园等自然资源，生产出优质、安全绿色的肉、蛋产品，是不少地区开展的生态农业方式。

二、鱼鸭混养

鱼鸭混养、鸭粪喂鱼是利用食物链进行生态养殖的模式。这种模式可以减少饲料的浪费，鸭粪可以为鱼类提供有机饵料，促进池塘生态系统的循环。同时，鸭的活动可以为池塘增加氧气。鱼鸭混养要选择优良品种和合理控制养殖密度。鱼种选择草鱼、青鱼、鲢鱼、鳙鱼等，鸭品种选择高产蛋鸭，如绍兴麻鸭、高邮鸭高产配套系，每亩放养白鲍 400 尾、花鲍 150 尾、银鲫 1 000 尾，每亩塘面饲养新型蛋鸭 300 只。

三、稻田养鸭

鸭稻共育即稻田养鸭，是将鸭放养在稻田，利用鸭在稻田内捕食害虫、采食杂草及一些水生小动物，同时鸭粪可直接肥田的饲养方法。这种方法既能节省养鸭饲料成本、提高鸭产品品质，又能减轻害虫及杂草对水稻的危害，减少稻田农药施用量，是一种种养结合的生态养殖模式。

四、湿地养鸭

湿地养殖区要求远离村庄、工矿区，自然环境优良，无污染，蓄水方便，水草资源、小虾及螺、蚬等底栖生物丰富，淤泥层薄（厚度小于 10 cm），无凶猛动物类等。可用网圈出适宜的养殖区域，对鸭进行放养。如芦苇生态养殖，既可给鸭提供新鲜的青绿饲料，又可增加当地植被覆盖率。养殖过程中不用药物，基本不换水，但水质恶化或者暴雨天要及时调水或加水，换水量视具体情况而定。

五、发酵床养鸭

发酵床养鸭是将鸭饲养在铺设垫料的发酵床上，鸭生活在垫料上，其粪尿等排泄物将作为有益微生物繁殖的主要营养来源，通过对垫料的水分、通透性等的日常维护，在发酵垫料中有益微生物大量繁殖的同时，粪尿等排泄物也被不断消化分解，从而达到处理粪污的目的，解决了养殖场粪便环境污染的问题。另外，鸭还可以啄食垫料中的一些营养物质和摄入有益菌，有益于鸭的健康及其产品质量的提高。采用农作物秸秆、锯末等作为垫料吸收鸭的粪尿，养殖过程中无须用水冲洗。发酵床养鸭不仅使养殖场免受养殖污水处理的压力，而且将尿液转化成固体形态，便于后期有机肥生产，是一种生态型养殖方法。

第三节　鹅

一、生态鹅养殖的鹅舍要求

这里以养殖生态鹅来举例。不论采取哪种养殖模式，均需要有固定的鹅舍供鹅休息和集中采食。各地可因地制宜，就地取材。一般说来，一个完整的平养鹅舍应包括鹅舍、陆上运动场和水上运动场3个部分。规模养鹅场这3个部分面积的比例一般为1∶2∶2。肉用仔鹅舍和填肥肝鹅舍可不设陆上和水上运动场。鹅舍宽度通常为8~10 m，长度视需要而定，一般不超过100 m，内部分隔多采用矮墙或低网。一般分为育雏舍、青年鹅舍、种鹅舍和肉用仔鹅舍4类。4类鹅舍的要求各有差异，但最基本的要求是遮阴防晒、挡风避雨和保暖。

二、生态鹅养殖技术之种草养鹅

鹅是食草动物，纯粹采取放牧不现实，为了达到四季都能均衡供应高质量的青饲料，必须种植牧草。首先，在草种选择上，要注意一年生与多年生牧草相结合，暖地型牧草和寒地型牧草相结合，牧草与叶菜根茎类饲料相结合，选用高产优质的草种。其次，在种植方式上单种与混种相结合，间种与套复种相结合，以发挥土地的最大利用率。再次，在青饲料来源上，应以栽培牧草与天然野地野草、树叶、水生饲料及农副产物利用等相结合。最后，在利用上应以青饲与青贮、放牧相结合。

三、生态养鹅的管理技术

生态养鹅不仅讲究绿色，同时也要保证高效生产，管理方面应注意以下方面。

（1）采食。雏鹅期需喂给易消化、营养丰富的优质饲料，最好使用雏鹅全价饲料，育雏料拌入少量切碎的青菜叶，均匀撒在塑料布上，让雏鹅自由采食，3d 后改用饲槽或喂料器。雏鹅每天喂 4~6 次，其中晚上 1 次。雏鹅 10 日龄左右，如果天气晴朗暖和，可以开始放牧，每日补饲精料的次数不应少于 3 次。

（2）配种管理。在产蛋期内，公母鹅的搭配比例一定要合适，通常大型品种配比应低些，小型鹅种可高些；冬季的配比应低些，春季可高些。

（3）放牧管理。放牧鹅群一般以每群 300 只为宜，组群应该日龄相同，否则大鹅走得快，小鹅走得慢。鹅群太大时，走在前面的吃得好，吃得饱，发育快，走在后面的吃得不好，吃不饱，发育慢，影响整群发育的均匀度。放牧时应注意观察采食情况，待大多数鹅吃到七八成饱时应将鹅群赶入池塘或河中，让其自由饮水、洗浴。

（4）水面管理。养鹅尤其是种鹅需要有一定的水面，水面管理最为重要的就是卫生管理，因此要及时换水，保证鹅群的健康。采取鱼鹅立体养殖时，要控制鹅下水的时间，当给鱼投喂饵料时，应禁止鹅下水，这样做既可防止鹅吃鱼饵料，也可避免鹅长时间下塘戏水，扰乱鱼的正常采食。

第四节　猪

这里以生态养殖猪技术举例。猪生态养殖技术即是在养猪生产的各个环节采取各种有效措施，以达到畜产品安全卫生、排泄物处理达标，从而保持当地生态平衡和猪场的持续发展。其生产模式是可持续的，对于环境的影响也是有限的，体现了现代畜牧业的经济、生态和社会效益的高度统一。

一、场址选择

场址选择应远离河道及水源地，地形整齐开阔，地势较高、干燥、平坦或有缓坡，坡度在25°以内，背风向阳，有足够的面积，周围有较大面积的森林、竹林或天然草场以及种植业配套用地。

二、养殖规模确定

生态养猪应体现种养结合，不对环境造成污染。养猪场规模应根据周围种植业园地能消纳多少粪污量来确定，在确定粪肥的最佳施用量时，应对土壤肥力和粪肥肥效进行测试评价，猪群规模应控制在1 000头以内。

三、品种选择

虽然现在所有品种的猪通过一定养殖方式都有可能成为生态猪，但由于放牧环境复杂多样，仍应优先选择抗病力强、耐粗饲、善爬坡、肉质紧实、风味好的本地土猪种为佳。

四、饲料配方

以粉碎的原粮加新鲜青绿饲料为主均可，适当添加骨粉、食盐等添加剂，不得饲喂配合全价料。

五、饲养要求

生态猪饲养周期都在 10 个月以上，即从出生到转保育舍需要 42 d，在保育舍饲养 65～70 d，在放养区放养 6 个月以上，体重达到 110～125 kg 出栏，故更需要注重饲养管理。平时的饲养管理要做到平时看猪的精神，喂料时看猪的食欲，扫圈舍时看猪的粪便。断奶仔猪原圈饲养或整窝移到保育舍饲养，最好采用按猪的日龄分批次、分阶段、分群、分舍饲养，减少不同猪龄之间的接触，避免疾病由大猪传染给幼猪或相互交叉感染。夏季早晚、冬季中午让猪群运动或放牧。应非常重视疾病的早期预防、早期监测和迅速治疗工作，采取及时注射疫苗、及时驱虫、及时圈舍消毒、及时隔离治疗等措施，做到万无一失。

第五节　牛

肉牛养殖一直是我国传统畜牧养殖业的项目，科学养牛技术是非常重要的，养牛过程中，养殖户必须做到科学养殖和精细管理。

一、科学养牛技术要点

（一）投喂技巧

可以使用氨化后稻草和麦草来喂养，因为草本身蛋白含量比较高，不仅可以降低养牛成本，还可以提高养牛的经济效益。

（二）科学管理

为了保证养牛有一个良好的生长环境，首先要做好牛棚设备的设置工作，因地制宜，冬暖夏凉。冬天，我们应该把牛棚里的温度保持在 5 ℃以上。每天定时排粪，中午通风，刷擦牛体，定期带牛到屋外取暖，强身健体，利于育肥。选择和饲养好的牛品种是至关重要的。选择优良的牛种进行育种是获得良好效益的关键，因为优良的牛种肉质好、生长快、饲料报酬高、销售好、发病率低。要改变长期以来逐步杂交的做法，积极引进利木赞、西门塔尔等品种进行三交杂交。

二、生态养牛品种及场地选择

（一）选肉牛品种

我国的肉牛品种一般生长速度慢，产肉率低，所以在选肉牛品种的时候，应该选择生长速度快、品质好的肉牛。在实际情况下，杂交的品种都比较优质，比如荷斯坦牛、西门塔尔牛以及乳品种的杂交后代都是非常适合养殖的，如果当地有合适的肉牛品种，也可以选择。

（二）养殖场建设

肉牛养殖场要建立在地势高、水源充足的地方。良好的环境是养殖肉牛成败的关键，而且可以让肉牛快速育肥。为了避免养牛影响到周边居民的生活，远离居民区比较合适。

第六节　羊

一、幼羊

（一）羔羊的培育

羔羊的哺乳期一般为 4 个月，在这期间应加强管理，精心饲养，提高羔羊的成活率。

羔羊一般在 4 月龄断乳。羔羊断乳的方法有一次性断乳和逐渐断乳两种。后者虽较麻烦，但能防止得乳腺炎。断乳时，把母羊抽走，羔羊留原圈饲养，待羔羊习惯后再按性别、强弱分群。断乳后母羊圈与羔羊圈以及它们的放牧地，都尽可能相隔远一些，使母羊和羔羊能尽快安静，恢复正常生活。

（二）育成羊

育成羊是指从断乳到第一次配种前的羊（即 5~18 月龄的

羊）。羔羊断奶后正处在迅速生长发育阶段，此时若饲养不精心，就会导致羊只生长发育受阻，体型窄浅，体重小，剪毛量低等缺陷。因此，对育成羊要加强饲养管理。断乳初期要选择草长势较好的牧地放牧并坚持补饲；夏季注意防暑、防潮湿；秋季抓好秋膘；冬春季节抓好放牧和补饲。入冬前备足草料，育成羊除放牧外每只每日补料 0.2~0.3 kg，留作种用的育成羊，每只每日补饲混合精料 1.5 kg。为了掌握羊的生长发育情况，对羊群要随机抽样，进行定期称重（每月 1 次），清晨空腹进行。

二、肉羊

（1）驱虫。要想肉羊的育肥速度快，首先要保障肉羊正常的生长条件，所以要对肉羊进行驱虫。因羊的体内外寄生虫很普遍，会严重影响肉羊的正常生长。

（2）去势。用于育肥的公羊未去势的一定要去势，因为去势后的公羊性情温驯、肉质好、增重速度快。

（3）去角修蹄。因为角羊喜欢打架，影响采食，所以要去角。方法是用钢锯在角的基部锯掉，并用碘酒消毒，撒上消炎粉。修蹄一般在雨后，先用果树剪将生长过长的蹄尖剪掉，然后用锋利的刀将蹄底的边缘修整到和蹄底一样平整。

（4）定时称重，做好记录。即对育肥羊进行育肥前后的称重，以评价育肥效果，从而总结出经验，这样能更加快速地找到好的育肥方法。

（5）掌握饲养管理原则。要想提高肉羊的育肥速度，必须给予一定的高能饲料。适当的精粗比例，不仅可以提供能量，满足蛋白质的需要，还可以维持瘤胃的正常活动，保证羊的健康状况。一般建议精饲料以占日粮的1/3比较合适。

（6）饲喂量和饲喂方法。羊的饲喂量要根据其采食量来定，吃多少喂多少。羊的采食量越大，其日增重越高。一般羊对干草的日采食量为 2~2.5 kg，对新鲜青草为3~4 kg，精料为 0.3~0.4 kg。所以饲喂的时候一定要注意用量，饲喂方法是先喂精料，然后喂干草或粗料，最后饮水。同时，需在精料、青贮料或粗料上洒些盐水，草料则随时添加，以保持羊的旺盛食欲，提高其采食量。

（7）日常管理方法。尽量减少羊的运动，降低消耗，使羊吸收的营养物质全部用来增重。在秋季育肥中，中午可把羊放出来晒晒太阳或在近处进行短时间的放牧。

第七节　鸵鸟

养殖鸵鸟时，需要选择在排水良好且地势平坦的沙质土地上围栏圈养，并且养殖场所要分为育雏舍、中鸟舍和大鸟舍，便于管理鸵鸟，而且在给鸵鸟饲喂时，需要给其投喂韭菜、黑麦草、象草、苜蓿草、黄草等饲料。

一、围栏圈养

鸵鸟喜欢生活在沙土上，饲养鸵鸟时，需要在排水性良好且较为平坦的地块上围栏圈养，而且围栏要采用有弹性的铁丝网，避免鸵鸟受惊撞上围栏受伤，并且围栏的高度约为 2 m 最好，以免鸵鸟跳出围栏逃跑。

二、建造圈舍

养殖鸵鸟时，需要在养殖场所中搭建一个圈舍，且圈舍要分为育雏舍、中鸟舍、大鸟舍，有利于管理鸵鸟，而且圈舍要具有保温、防雨、防风的优点，并且要在圈舍里安放水槽、食槽、供暖设备、通风设备等。

三、饲喂管理

鸵鸟是杂食动物，养殖鸵鸟时，需要每天投喂 2~3 次，可以给其提供象草、黑麦草、黄草、苜蓿草、叶类蔬菜、韭菜等青饲料，豆饼、芝麻饼、花生、高粱等精饲料，而且要保证饲料干净卫生，以免鸵鸟出现腹泻现象。

四、饲养方法

饲养鸵鸟时，需要在地面上放置稻草或者麻袋等垫料，有利于雏鸟生长，而且在给雏鸟饲喂时，需要在饲料中加入沙砾，有利于其消化，并且在冬季时期，需要给鸵鸟提供温热的饮水，以免其被冻伤。

第八节　蜜蜂

一、蜜蜂养殖环境

养殖环境的好坏直接影响蜜蜂的生长，因此一定要保证良好的自然环境与蜂箱环境。

（1）自然环境。一般可选择有树木的小丘陵或山地中，要求通透性比较好，温度适宜，不积水即可。

（2）蜂箱环境。蜂箱不宜有裂缝和洞口，以防出现盗蜂现象，蜂箱的大小需保证蜜蜂可以正常生长，为了保证足够的光照，蜂箱离地面 50 cm 左右为好，以便于做好排水遮阴工作。

二、选择蜂种

（1）蜜蜂养殖的历史比较悠久，目前蜜蜂的品种也比较多，因此不能随便进行引种。

（2）我国各地的蜜蜂品种都有所不同，比如北方的蜜蜂品种耐寒能力比较强，但是不耐热，不适合在南方进行养殖。一般建议自留种为主，从而保证了蜂种的纯正性。

三、饲料管理

（1）养殖蜜蜂时需时刻保证充足的糖饲料，蜜蜂的主要饲料是蜂蜜，有利于延长蜜蜂的生长周期，提高蜜蜂的体质。

（2）国内的蜜蜂采粉能力比较差，蜂群内基本都是缺粉状态，从而导致中蜂繁殖能力比较弱，所以需要人工进行饲喂花粉。可将花粉做成膏状进行饲喂，从繁殖期开始每次都需要饲喂充足，放置在离蜂箱不远的位置，让蜜蜂自行搬回蜂箱即可。

四、温度管理

（1）适宜的温度更有利于蜜蜂正常生长，因此需要调控好蜂箱的温度，这样有利于增强幼蜂的生长力，还方便清洗蜂箱，以防敌害侵袭。

（2）在蜂群越冬前应备好足量的饲料，等到温度低于6 ℃时，将草把均匀铺在蜂箱内的隔板上，等气温回升稳定以后，为了方便蜜蜂生长与繁殖，可根据具体情况将草把全部清除。

第九节　兔

一、种兔选择

应该选择生长发育健硕、没有病症、发情期状况好且器官正常的母兔作为肉兔，公兔的选取与母兔规定类似。而且还要结合当地的自然条件和市场前景等挑选适合饲养的种类。选定肉兔以后做好交配工作，首先把两只一样的公母兔反复交配2次之上，或者将母兔与不同类型的公兔开展配种。

二、兔舍环境

养殖兔子之前要先建成兔舍、兔笼，备齐相关用品，如饭盆、水槽、产箱等，进兔前一周全面清理和消毒，便于兔子一入场就有一个舒心的"家"。

三、生长环境

饲养兔子的时候一定要确保全部兔舍的整洁，还需要确保周围环境较为干燥，这是由于潮湿环境很容易造成病菌的滋长。也尽量清洗一下它们料槽和水槽，做好兔舍的消毒工作。

四、分群管理

分群是肉兔养殖需要注意的一项工作。首先要留意控制相对密度，做好分群管理。成年兔每群要保持在 25 只上下，公和母分开喂养的话不但方便管理，还可以促进兔子生长。分群的时候也要依据每一只兔子的重量、生长发育水平等做好规划，避免出现大欺小的情况。

五、喂食和饮水

幼兔的肠胃非常敏感并且消化道也并不太好，因此应喂一些好吸收和助消化的食物。一般用专门兔粮及其适量紫花苜蓿、莴苣、香菜等青菜叶开展饲养，这些对于幼兔身体有很大帮助，直到兔子慢慢地长大后再适量喂蔬菜和萝卜。饮用水尽量不要用自来水，而是以生活用水或者凉白开来饲养。

第十节　鹿

一、鹿的标记

标记就是给鹿编号，目的在于辨认鹿只，这样利于生产管理和档案记录，对鹿的育种和生产性能的提高都是十分重要的。现在鹿的标记有两种：一种是卡耳法，即在鹿的两耳不同部位卡成豁口，然后将每个豁口所代表的数字加起来，即该鹿的耳号。这种方法是借鉴国际上猪的卡耳号法，很有规律，左耳代表的数字大、右耳小，且是对称的大小关系。具体言之，左耳上缘每卡一个豁口为 10、下耳缘每卡一个豁口为 30、耳尖一个豁口为 200、耳廓中间卡一个豁口为 800，而右耳相对应部位的一个豁口即代表 1、3、100、400。二是标牌法，即是用特制工具将特制的标牌卡在鹿的耳下缘，然后用特制笔在牌上写出所需要的鹿号，永久不褪色。

二、饲喂次数、时间和顺序

鹿一般每日饲喂 3 次，生产季节（产茸、产仔季节）喂 4 次精饲料为佳（白天 3 次，夜间 1 次），饲喂时间：4 月初至 10 月末，早饲 4:00—5:00，午饲 11:00，晚饲 17:00—18:00；

冬季白天喂 2 次（8：00 左右、16：00 左右）夜间喂 1 次（23：00 左右）。鹿的饲喂次数和时间定下来后，应保持相对的稳定，这样才有利于鹿建立条件反射。饲喂顺序是先精后粗，即先给精饲料，待鹿吃净了再给粗饲料。要求每次饲喂都应扫净饲槽内残余饲料和土等。精、粗饲料的增减和变换一定要逐渐进行，增加料量过急或突然变换饲料易造成"顶料"和拒食。

三、饮水

可以饮顿水（定时饮水）或自由饮水（即水槽内经常保持有水，鹿可随时饮用）。要求水质洁净，水量充足，冬季应饮温水。

四、圈舍卫生

保持圈舍卫生，每天打扫舍内的粪便、饲料残留物。冬季为了保暖，棚舍内的粪便可适当保留，并且做到圈舍经常消毒。

第五章　农产品质量安全

第一节　农产品质量安全概述

一、农产品质量安全的概念

按照产品质量安全法的有关规定，农产品是指源于农业的初级产品，即在农业活动中获得的植物、动物、微生物及其产品。农产品质量安全，指农产品质量符合保障人的健康、安全的要求。广义的农产品质量安全还包括农产品满足储运、加工、消费、出口等方面的要求。

农产品质量安全水平，指农产品符合规定的标准或要求的程度。当前提高农产品质量安全水平，就是要提高防范农产品中有毒有害物质对人体健康可能产生危害的能力。一般来说，农产品质量安全水平是一个国家或地区经济社会发展水平的重要标志之一。

二、农产品质量安全的特点

由于农产品质量安全水平是指农产品符合规定的标准或要求的程度，这种程度可以是正的，也可以是负的。负的农产品质量水平，即农产品不安全，具有以下几个明显的特点。

危害的直接性。农产品的质量不安全主要是指其对人体健康造成危害而言。大多数农产品一般都直接消费或加工后被消费。受物理性、化学性和生物性污染的农产品均可能直接对人体健康和生命安全产生危害。

危害的隐蔽性。农产品质量安全的水平或程度仅凭感观往往难以辨别，需要通过仪器设备进行检验检测，有些甚至还需要进行人体或动物试验后才能确定。由于受科技发展水平等条件的制约，部分参数或指标的检测难度大、检测时间长。因此，质量安全状况难以及时准确判断，危害具有较强的隐蔽性。

危害的累积性。不安全农产品对人体危害的表现，往往经过较长时间的积累才能发现。如部分农药、兽药残留在人体积累到一定程度后，就可能导致疾病的发生和恶化。

危害产生的多环节性。农产品生产的产地环境、投入品、生产过程、加工、流通、消费等各环节均有可能对农产品产生污染，引发质量安全问题。

管理的复杂性。农产品生产周期长、产业链条复杂、区域跨度大；农产品质量安全管理涉及多学科、多领域、多环节、多部门，控制技术相对复杂；加之我国农业生产规模小，生产者经营素质不高，致使农产品质量安全管理难度大。

三、农产品质量安全的三类危害来源

物理性污染。指由物理性因素对农产品质量安全产生的危害。如因人工或机械等因素在农产品中混入杂质，或农产品因辐照导致放射性污染等。

化学性污染。指在生产加工过程中使用化学合成物质而对农产品质量安全产生的危害。如使用农药、兽药、添加剂等造成的残留。

生物性污染。指自然界中各类生物性污染对农产品质量安全产生的危害。如致病性细菌、病毒以及某些毒素等。生物性污染具有较大的不确定性，控制难度大。

四、农产品质量安全事故的处理

（1）高度重视，积极应对。依据《中华人民共和国农产品质量安全法》及时处理、报告、通报各地的农产品上市情况及质量安全状况和事件，依据《国家重大食品安全事故应急预案》对农产品食品安全事件由全国统一领导、地方政府

负责、部门指导协调、各方联合行动的方针积极处理，将损失降低到最少。

（2）明确职责，落实责任。明确地方政府、农业农村部和有关部门及农业系统内部三个方面的关系及工作程序和职责，做到各司其职，各尽所能。

（3）制定预案，依法应急。依法规范程序，做到一旦在农产品生产、销售等各个环节发现问题能及时落实责任单位、责任人，及时处理问题，不断完善手段，做到科学有效。

（4）及时反应，快速行动。当有农产品质量安全事故发生时，快速启动预案，积极迅速开展工作；启动应急预案，进行应急处置，严格控制事态发展，将危害降至最低。

（5）加强监测，群防群控。对于农产品质量安全事件及时分析、评估和预警，做到防患于未然；坚持群防群控，做到早发现、早报告、早控制。

（6）科学调查，准确评价。对于调查、处理、技术鉴定等，做到有理有据，科学准确；用标准说话，用数据说话，以事实为依据，以法律为准绳。

第二节　农产品质量安全检测体系

农产品质量安全检测体系由农业系统内管理部门、科研和教学质检机构组成，其他相关系统的质检机构作为补充，建设部、省、市、县四级质检机构，建设乡级监管机构。各级农产品质量安全检验检测机构均为技术性、事业性、公益性和非营利性机构，经费全部列入国家预算。

目前，部级质检机构均通过授权认可和国家计量认证，出具的检验数据可作为法定仲裁依据。省级及省级以下设置的质检机构，也均须通过授权认可和省级计量认证后，方具向社会出具检验数据的资格。

我国农产品质量安全监测体系从无到有，为农产品质量安全水平的稳步提升作出了积极的贡献，短短几年时间，已使我国的农产品质量安全状况达到世界中上水平。

一、国家级检测体系

农业农村部农产品质量安全检测体系由部级农产品质量标准与检测技术研究中心、部级专业性农产品质量安全监督检验中心、部级优势农产品区域性质量安全监督检验中心等机构组成。

（一）部级研究中心

部级研究中心主要进行农产品质量安全与标准的政策、法律法规、发展战略和规划等研究；农产品质量安全风险分析理论和关键技术研究；农产品质量安全检测及评价技术与设备的研发；农产品贸易技术壁垒预警体系建设和快速反应机制研究；农产品质量安全和管理的综合性和基础性标准的制定、修订，以及相关专业性标准制定、修订工作的组织协调和技术支持；全国农产品质量安全例行监控、普查等工作的组织协调和技术支持；开展农产品质量标准和检测技术的国际合作与交流；参与农业国际标准化组织的活动，参加和承担有关农产品国际标准的制定、修订工作；组织和协调全国农产品质量安全与标准研究专家队伍，开展有关农产品质量安全和农业标准化方面的国内外学术交流。

（二）部级专业性质检中心

部级专业性质检中心立足本专业，突出和发挥专业优势，在相应领域内重点开展以下工作：全国农产品质量安全普查、例行监测等任务；开展国内外农产品质量安全风险分析与评估工作；专业性农产品检验检测技术的研发和标准的制定、修订；国内外农产品质量安全对比分析研究和国内外合作与交流；质量安全重大事故、纠纷的调查、鉴定和评价；质量安全认证检验、仲裁检验和其他委托检验任务；负责有关专业农产品质量安全方面的技术咨询和技术服务，为区域性质检中心、省级综合性质检中心等提供专业技术服务和人才培训。

(三) 部级区域性质检中心

部级区域性质检中心立足本区域，突出对优势农产品从生产基地、投入品到农产品生产全过程的质量安全检验检测和指导服务，承担相应区域范围内优势农产品市场准入、委托检验和仲裁检验等检验检测工作，负责对区域内优势农产品产地环境进行例行监测、现状评价与污染预警工作，实现就近取材、随时检测、同类型优势农产品大批量检测和特有质量安全参数的深度检测。

二、地方各级检测体系

(一) 省级综合质检中心

省级综合质检中心突出省域内职责，主要承担省域内主要农产品质量安全监督抽查检验、市场准入性检验检测、产地认定检验和评价鉴定检验，负责对县级检测站进行技术指导和技术培训，接受其他委托检验和负责省域内农产品质量安全方面的技术咨询、技术服务等工作。

(二) 市、县级质检站

农产品检测机构的主要任务就是为农业生产服务、为农产品质量安全监管服务。市、县两级要按照综合建站的要求，整合农产品、农业投入品、农产品产地环境等检测资源，加强检测机构建设。省级检测机构以风险监测为主，市、县两级检测机构以监督抽查为主，乡镇以速测筛查为主。

第三节　农产品质量安全的追溯管理要求

一、生产环节的控制要求

(一) 投入品记录

农产品生产过程的苗种、饲料、肥料、药物等投入品，在进货时，应收集进货票据，并进行登记。

（二）生产者建档

农产品生产者按"一场一档"的要求建立生产者档案。农业生产的管理部门应建立农产品生产基地和企业的档案，进行信息登记，并向登记的生产者发放"农产品产地标志卡"，内容应包括唯一性编号、基地名称或代号等信息。

（三）生产过程记录

种植过程记录内容包括种植的产品名称、数量、生产起始的时间、使用农药化肥的记录、产品检测记录。养殖过程记录包括养殖种类和品种、饲料和饲料添加剂、兽（鱼）药、防疫、病死情况、出场（栏）日期、各类检测等记录。

（四）销售记录

农产品从生产到流通领域时，农产品生产者做好销售记录。内容包括销售产品的名称、数量、日期、销售去向、相关质量状况等。

二、从生产到流通的对接要求

生产领域的农产品进入流通领域时，应向流通领域提供相关农产品产地标识卡、产地证明或质量合格证明等；交易时应向采购方提供交易信息票据，内容应包括品名、数量、交易日期、供应者登记号等信息。

三、农产品质量安全追溯管理各相关方职责

农产品生产企业是生产领域质量安全追溯管理第一责任人，进行生产质量安全的控制、农产品溯源台账的建立和管理等工作；农产品生产的管理部门负责组织生产领域农产品质量安全相关的培训、宣传；建立生产基地台账，发放相关产品产地标志。

四、实行严格的产品质量控制制度

一是农产品出场时，生产者应进行农药残留或感官的自

检；农业管理部门按监督检测制度实施农产品的抽查、检测，并公布检测结果。

二是生产者发现产品不合格时，应及时采取措施，不得将不合格品进入流通销售。当销售到流通环节的农产品被确认有安全问题时，生产者应做好追溯、召回工作。

三是农业生产的管理部门应督促进行质量安全的追溯，当不合格农产品已进入流通领域，要求生产企业召回不合格产品，按溯源流程进行不合格产品的追溯。

第四节　农产品质量安全认证

一、认证

（一）认证的概念和种类

认证是指由认证机构证明产品、服务、管理体系符合相关技术规范、相关技术规范的强制性要求或者标准的合格评定活动。认证的种类包括产品认证、服务认证（又称过程认证）、管理体系认证。其中，产品认证、管理体系认证已经比较普遍，而服务认证一般可以当作一种特殊的产品进行认证，服务单位也有相应的管理体系可以进行认证。在我国境内从事认证活动的工作机构，应该遵守《中华人民共和国认证认可条例》。

国际通行的认证包括产品认证和体系认证。产品认证是对终端产品质量安全状况进行评价，体系认证是对生产条件保证能力进行评价。二者相近又不同，产品认证突出检测，体系认证重在过程考核，一般不涉及产品质量的检测。在农业方面，最主要的是产品认证，也就是终端产品的质量安全认证。

（二）产品质量认证

1. 产品质量认证的发展

产品质量认证是随着现代工业的发展，作为一种外部质量保证的手段逐渐发展起来的。在现代产品质量认证产生之前，供方为了推销产品，往往采取"合格声明"的方式，以取得买方对产品质量的信任。但是随着现代工业的发展，供方单方面的"合格声明"越来越难以增强顾客的购买信心，于是由第三方来证明产品质量的产品质量认证制度便应运而生。

2. 产品质量认证的概念和原则

产品质量认证是指依据产品标准和相应的技术要求，经认证机构确认并通过颁发认证证书和认证标志来证明某一产品符合相应标准和相应技术要求的活动。我国产品质量认证分为强制性产品质量认证和自愿性产品质量认证。

产品质量认证的依据应当是具有国际水平的国家标准或行业标准。标准的内容除应包括产品技术性能指标外，还应当包括产品检验方法和综合判定准则。标准是产品质量认证的基础，标准的层次、水平越高，经认证的产品信誉度就越高。

产品质量认证应当遵循以下原则：①国家统一管理的原则；②只搞国家认证，不搞部门认证和地方认证的原则；③实行第三方认证制度，充分体现行业管理的原则。

（三）管理体系认证

目前进行认证的管理体系主要有 ISO 9000：2000 质量管理体系、ISO 14000：2004 环境管理体系、OHSAS 18000 职业健康安全管理体系、QS 9000 汽车质量管理体系、TL 9000 电信质量管理体系、HACCP 食品安全管理体系、SA 8000 社会责任管理体系等。现在已经尝试将多种管理体系进行一体化整合，例如 ISO 9000：2000 质量管理体系、ISO 14000：2004 环境管理体系和 OHSAS 18000 职业健康安全管理体系的一体化。各种管理体系具有一些共性的要素，其中 ISO 9000：2000 质量管理体系是各种管理体系的基础。

各种管理体系的作用是为了规范某项工作的管理，提高管理水平和管理效益。例如，质量管理体系认证可以提高供方的质量信誉，增强企业的竞争能力，提高经济效益，降低承担产品责任的风险，保证产品质量，降低废次品损失。

各种管理体系认证都应当遵循自愿申请原则和符合国际惯例原则。其中自愿申请原则的具体内涵是指：①是否申请认证由企业自主决定；②向哪个管理体系认证机构申请认证，由企业自主选择；③申请哪种管理体系认证，由企业根据需要和条件自主确定。符合国际惯例原则是指按照国际通行的做法和规定的程序、要求开展认证，以便得到国际认可，促进国际认证合作的开展。

目前，我国管理体系认证存在以下问题：①获证企业总体数量较少，不同地区、不同行业发展不平衡；②企业看重证书效应，忽视管理效应；③认证咨询市场不规范；④对认证机构监管不到位。因此，我国应当加强认证工作，确保认证公正有效。

二、农产品质量安全认证的分类

我国农产品质量安全认证主要是产品认证。在产品认证当中主要是无公害农产品、绿色食品、有机农产品（有机食品），简称"三品"。下面着重介绍一下"三品"认证的产生发展、体制机制、进展成效与发展态势。

（一）无公害农产品

无公害农产品认证的对象包括农民、生产基地、生产企业和农业技术推广机构及农产品产销协会；认证的产品主要是量大面广的"菜篮子"和"米袋子"产品，如蔬菜、水果、茶叶、猪肉、牛羊肉、乳品、禽蛋和大米、小麦、玉米、大豆等大宗农产品。凡是上市销售的食用农产品，特别是跨地区销售的农产品，国家积极鼓励和支持无公害农产品产地认定和产品认证，通过官方证明生产、销售的农产品是安全的、无公害的，从而搭建一个科学公正的市场准入平台，提供可靠的安全保证凭据，确保产品顺畅销售，让消费者对产品的安全状况放心，真正实现农产品的"安全生产，放心消费"。对无公害农产品认证，各级地方人民政府和农业部门非常重视，都已把无公害农产品认证纳入工作规划，有计划、有目的地引导当地的农产品生产基地、种养大户和农场推行无公害农产品生产，申请无公害农产品产地认定，组织农产品生产企业、行业协会和技术服务机构申请无公害农产品认证。通过无公害农产品产地认定，有效解决了农产品的标准化生产和全程质量控制问题；通过无公害农产品的产品认证，从生产源头上解决了农产品的市场准入和质量安全可追溯问题。无公害农产品产地认定和产品认证做好了，产品的规模化生产和品牌化经营也就有了一个好的基础，像蔬菜、猪肉、鸡肉、水产品等鲜活农产品，通过无公害农产品的产地认定和产品认证，保证了质量安全，形成了市场竞争优势。

（二）绿色食品

按照职能定位，发展绿色食品，是农业农村部的一项重要职能，由中国绿色食品发展中心按照农业农村部的要求具体负责推动，打造中国农产品的精品和名品。绿色食品，除了鲜活农产品外，还包括食用的加工农产品。认证的对象既有农产品生产企业，也有农产品加工企业。在整个认证过程中，不单独对生产基地进行认定，而是通过地方政府不断创建大型绿色食品原料生产基地，实现规模的迅速扩大。经过近二十年的推动，特别是最近几年的快速发展，绿色食品已经成为极具市场价值的中国农产品质量安全公共品牌，有了相当高的市场知名度和相对稳定的消费群体。由于各级政府和农业部门的大力推动保护，在我国绿色食品已经具有很强的消费信任度和品牌忠实率，是国家安全、优质农产品和食品的象征。

（三）有机食品

从有机食品的生产和消费市场看，主要是充分利用农业的自然资源优势，服务于农产品的高端消费和出口，所推行的生产理念是不使用化学投入品和转基因生物，目的是保护生态环境和生物多样性，实现人与自然和谐共生。有机食品的生产条件较苛刻，有一定的生产局限性。一是要求生产的环境要自然、洁净；二是生产过程中不允许使用化肥、农药等化学投入品，病虫害控制难度大，生产成本高，产量相对常规生产要低；三是消费群体有限，主要满足出口需要；四是认证的方式一年一认证，按照国际惯例，采取市场化运作，认证收取一定的费用。

第六章　农业面源污染及治理

第一节　农业面源污染的本质和危害

一、与工业点源污染有四个本质区别

面源污染是和点源污染相对而言的，又叫非点源污染。从排放特性来看，农业面源污染具有分散性和隐蔽性、随机性和不确定性、滞后性和风险性等特点，与工业点源污染有四个本质区别。

（一）排放形式具有分散性

面源为分散排放，点源为集中排放，面源的污染"密度"远远低于点源。

（二）污染物具有资源性

农业排放的主要污染物是氮磷，实际上是营养资源，工业排放的污染物则五花八门，有些对人体造成严重损害。

（三）进入环境的过程具有间接性

以进入水体为例，点源通过排污口直接进入水体，面源则先经过土壤的缓冲，再由地表径流或雨水淋溶进入水体。

（四）排放动机具有非主观性

工业排放是生产末端所产生的废物，处理起来需要增加费用，工业企业具有偷排、超排的动力；而农业排放则多为生产原料（如农药、化肥等），农业排放隐含着排放主体（农户）生产成本的增加。

二、农业面源污染造成的危害

农业面源污染造成的危害主要有四个方面。

（一）危害水体功能

影响水资源的可持续利用，表现为地表水的富营养化和地下水的硝酸盐含量超标。

（二）危害大气环境

影响农村空气质量，表现为煤烟型污染和烟尘排放超标。

（三）危害农田土壤环境

影响土地生产能力和可持续利用能力，表现为土壤有害物质超标和土壤结构遭受破坏。

（四）危害农村生态环境

影响农村居民的生活环境质量，表现为"柴草乱堆、污水乱流、粪土乱丢、垃圾乱倒、杂物乱放"。

第二节　农业面源污染治理面临的机遇和挑战

当前，我国农业发展已经进入生产成本地板抬升、农产品价格天花板挤压，同时资源环境约束加剧的新时期。在压力的倒逼下，治理农业面源、实现农业的可持续发展也具备了"社会有共识、中央有决心、转型有要求、粮食有保障"的历史性机遇。

一、治理农业面源污染具有广泛的社会共识

近年来，垃圾围城、雾霾锁国、饮水危机以及农产品质量安全等一系列与环境相关事件的发生，损害了公众健康，但也唤醒了公众的环境意识，更增强了中央"铁腕治污"的决心。对环境问题的关注达到前所未有的高度，可以说加强环境保护是全民心声的最大公约数之一。

二、是农业绿色转型实现可持续发展的内在需求

资源紧缺、成本上涨、环境污染和生态退化等问题已经成为农业稳定发展的重要制约。因此，节约农业资源、保护农村

环境是克服资源环境约束、降低农业生产成本的迫切需求。过去，我们的农业发展目标是养活世界上最庞大的人口群体，因此高产是主要目标；逐渐地，人们越来越注重农产品的质量，农业发展的目标不仅是让人们吃饱，也要吃好，因此提出优质的要求；现在，随着环境问题的突出，公众环境意识的觉醒，在吃饱、吃好的情况下，要求资源投入更加高效，生态环境得到保护，因此高效、生态、安全也成为现代农业的基本要求。所以，发展现代农业，必须按照高产、优质、高效、生态、安全的要求，加快转变农业发展方式。当前，农业现代化的目标又进一步丰富为：产出高效、产品安全、资源节约、环境友好。这里面有三方面的要求：一是对产量的要求，要保障主要农产品的高效、有效供给；二是对质量的要求，要保证农产品质量安全；三是对生态环境的要求，要符合环境友好资源节约。

第三节　加强农业面源污染防治的政策建议

基于我国农业面源污染防治工作的现实和形势，今后的污染防治工作应主要遵循以下思路。

第一，农业面源和工业点源治理并不是非此即彼的关系，要"两手"齐抓，并且首要的是遏制工业污染向农业转移的趋势。一方面，工业和城市污染持续向农村转移，农民用受到污染的水进行农业生产，既影响农业持续生产能力，又影响农产品品质。另一方面，农民在经济上处于弱势地位，在环境权益诉讼、健康保护等方面均处于劣势，理应受到更多的保护。因此，保护农村环境，首先要遏制工业和城市污染向农村转移的趋势，在工业和城市领域，严格执行国家的环境保护政策，确保工业企业的连续达标排放。

第二，现阶段必须在推动农业农村稳定可持续发展的前提下寻求面源污染治理的解决方案。任何抛开粮食安全与农民增收这两个议题谈论面源污染治理问题没有现实意义。也就是说，未来应当走农业环境政策一体化的道路，相关政策既要有利于促进农业农村发展，也要考虑环境保护，实现发展与保护的"双赢"。特别是未来农业政策的出台，应当充分考虑其环境效果，因为政策一旦被付诸实施，其意义不仅限于政策所直接指向的目标，而且会成为一种公众期望的引导，为了符合公众期望，政策必须具有一定的延续性。因此政策起点的正确性非常重要，否则将在路径依赖中一直饱尝该项政策所带来的不良副作用。

第三，面源污染防治的制度设计应当以正面激励为主，规制约束为辅。农民收入低、贡献大，且若非技术所限，农民并没有排污的动机。农业是国家的基础产业，具有正的外部性，因此在农业面源领域不能教条地使用"污染者付费"的原则，农村环保投入应当成为"工业反哺农业，城市支持农村"的抓手之一。制度设计与政策选择的基本方向应以正面激励为主，例如对农户使用环境友好型投入品或技术进行补贴或奖励；规制为辅，如对高毒农药使用进行限制或禁止。

第四，长期而言，技术进步和制度创新仍然是解决面源污染问题的根本途径。未来对于农业技术的研发和推广应当具有相当的甄别，在对一项农业技术或一套生产模式进行评价时，环境友好应当成为众多标准中非常重要的选项。在制度建设方面，对于农业环境保护而言，制度变迁的主要动力或者阻力往往外生于农业本身，例如人口增长对农产品需求的增加。因此要解决农业面源污染问题，一方面，农业自身的发展应当朝着环境友好的方向改进，更为重要的是，整个社会的制度安排也应考虑到农业环境的承载能力，在市场引导、社会信任体系完善等方面为农业的可持续发展营造良好的制度环境。

今后一个时期，治理农业面源污染，要多措并举。完善农业环境治理的政策体系，是依法治污的先决条件；加强农业环境治理能力建设，是履行好依法治污的保障；采取切实行动，是缓解当务之急的迫切要求。

在政策完善和创设方面要有序推进农业环境治理的政策完善。一是针对一些相关工作已经启动多年的法律法规，要根据最新形势变化，加紧完成制定、修订工作，例如《土壤污染防治法》的制定工作。二是贯彻落实新的《环境保护法》第33条、第49条、第50条等相关条款的要求，将农业农村环境保护工作纳入地方政府政绩考核内容，加大财政预算在农业环境治理方面的投入；完善《畜禽规模养殖污染防治条例》的配套政策，尽快出台细则或针对一些执行中疑问较多的条款做出权威解释。

在能力建设上，要强化农业环境治理和农业技术推广两支队伍体系。一方面，要强化农业环境治理队伍体系。建议在中央层面，应当强化农业和环保两个部门在农业农村环境保护方面的职能。在一时还难以实现大部制的情况下，首先，要在国务院层面厘清环保和农业两个主要部门的职能分工，环保部门主要负责农村环境质量的监督管理，以及农业环境治理行为的核查和评价等工作，农业部门则负责实施具体的治理和保护措施。其次，在部门层面，要强化农业农村环境管理机构，以履行其应有的职能，国家环境保护部门首先要加强对工业和城市环境治理，遏制污染向农业农村转移，做好农村环境质量的监督和守护人。农业部门则可设立农业资源环境保护局，作为综合司局，协调部内各专业司局预防和减少农业生产环节所产生的环境污染问题。省、县层面参照中央设立相应机构。到乡镇基层，则可以率先进行"大部制"探索，建立农村资源环境保护综合管理站，统筹行使已有的农业、林业、水利、环保等职能。另一方面，要继续强化基层农技推广服务体系，积极推进农业清洁生产技术应用。以地膜回收利用、畜禽清洁养殖和种植业清洁生产技术等为突破口，推进农业废弃物资源循环利用，发展清洁种植，减少不合理水、肥、药、能等资源消耗，从源头减排污染物；全面开展测土配方施肥，积极推广保护性耕作、化学农药替代、化肥机械化深施、精准化施肥和水肥一体化等控源减排技术，推进农家肥、畜禽粪便等有机肥料资源的综合利用，提高肥料利用率。

在当前社会关注度高、转型压力大、政策和能力建设尚需时日的情况下，要立即采取一系列果断行动，以缓解面源污染日益严峻、广受诟病的现状，结合农业生产的污染来源和农业产地环境保护要求，提出五方面行动建议：一是调整农业补贴方向，已有的农资综合直补重点向有机肥、缓释肥、低毒高效低残留农药、生物农药等领域倾斜，加大对测土配方施肥的推广力度。二是启动农膜以旧换新补贴。三是启动秸秆还田补助，可以先从水稻秸秆开始，按照每亩补助 20 元，约需 90 亿元，资金需求并不大。四是继续加大和完善对规模养殖场沼气建设、有机肥的补贴；引入市场机制，推行养殖小区粪污的第三方集中处理。五是建立农业生态补偿基金，主要用于土壤质量保护工作，基金的来源可以考虑从土地出让金中提取。

第七章　乡村治理

第一节　新时代乡村治理内涵

党的二十大报告强调，"健全共建共治共享的社会治理制度，提升社会治理效能"，为优化完善社会治理体系和治理能力提供了战略牵引，亦为全面推进乡村振兴战略指明了发展方向。乡村治理作为农村和谐稳定、农业有序发展、农民安居乐业的内在要求，涉及村域经济、文化、社会、生态等多要素，在新农村建设、乡村振兴及和美乡村建设进程中发挥着催化剂作用，成为扎实推进农村生态宜居、农业经营增效、农民生活富裕的关键举措和重要方式。然而，由于历史原因和区位条件，当前乡村治理仍面临着治理根基薄弱、治理格局单一、治理人才匮缺、治理能力不足、治理力量分散等重点难题，乡村治理在农业农村现代化中的基础性、关键性、全局性指导作用尚待激发。面对宜居宜业和美乡村建设契机和高质量推进乡村振兴发展需要，亟须围绕组织引领、"三治融合"、人才培育、空间整治和数字赋能等关键环节，激发乡村治理高效能，绘就乡村振兴新画卷。

第二节　构建服务平台矩阵

一、新媒体技术助力乡村治理

目前，我国乡村社会结构正处于重要且深刻的转型期，党和国家一直在不断探寻乡村社会治理的最优路径。无论是"乡村自治、乡村法治、乡村德治"三者结合推动县域治理，还是以乡村善治赋能乡村振兴，始终坚持将政府、社会、市场、技术 4 个方面有机串联、凝聚合力。其中，作为乡村社会发展行为者之一的县级融媒体，正以全新的角色定位积极平衡社会各层面的利益关系，与全体社会成员共同治理乡村社会，推进乡村发展转型。同时，县级融媒体明确自身建设目标，在努力打造主流舆论阵地、综合服务平台、社区信息枢纽 3 个方面下足功夫，联合乡村传播网络体系中的其他行动者，全力搭建乡村传播新网络，共同助推乡村治理现代化进程。

（一）县级融媒体参与乡村治理的必要性

1. 契合乡村治理基本原则

乡村治理的基本原则是坚持以人为本惠民生、城乡一体促发展、规划引领指方向、合理聚集用土地。目前，各地为持续推进融媒体建设，大力整合包括县级电视台、政府门户网站、官方客户端等在内的县域媒体力量，建设具有地区特色的融媒体中心。

2. 助推乡村治理优势明显

乡村治，社会安；社会治，国家稳。在中共中央办公厅、国务院办公厅共同印发了《关于加强和改进乡村治理的指导意见》中，明确指出要健全党组织领导的自治、法治、德治相结合的乡村治理体系。在"三治融合"背景下，媒体作为党和国家的喉舌，在传播国家声音、反映百姓心声、引导社会舆论中发挥着巨大作用。第一，县级融媒体是人民群众和政府之间沟通互动的重要纽带，其以县级广播电视台为首，兼具信息传播、服务社会、文化传承、娱乐大众等功能。第二，县级融媒体有别于广播、电视、报纸等传统媒体，其传播方式更多、传播速度更快、信息内容更丰富、社会功能更强大，在"发声、反馈"方面效果更好。第三，县级融媒体基于"县域"这一特征，相较于中央、省、市一级融媒体，更具"知民情、了民生"的地域亲和力。因此，在县级融媒体覆盖的主要区域内，受众以县域群众为主体，其具备与受众之间距离最短、传播速度最快、传播信息内容区域特色最为明显的绝对优势。

（二）县级融媒体参与乡村治理的路径

1. 强化舆论引导，提高县级融媒体中心的影响力

宣传思想工作一定要把围绕中心、服务大局作为基本职责，胸怀大局、把握大势、着眼大事，找准工作切入点和着力点，做到因势而谋、应势而动、顺势而为。因此，县级政府要坚持始终将正确的政治方向、舆论导向和价值取向贯穿于县级融媒体中心建设的全过程和各环节，做到把新时代中国特色社会主义思想和党中央的精神、党的声音传播到基层的各个角落，打通信息传播的"最后一公里"。同时，县级政府要顺应互联网传播社交化、视频化发展优势，发挥县级融媒体贴近基层、直面群众的优势，结合当地实际，力推理念创新、模式创新、内容创新和手段创新等，探索构建地域特点鲜明、形式丰富多彩的融媒体平台。例如，可建立融媒体文化超市，通过收集优秀文化资源，实现"以文化人、以文育人"的精神引领。平台主办方还可开设影视、戏曲、杂志等栏目，方便群众在线点播和阅读。此外，线上数据显示，了解群众喜欢的内容，组织"文化下乡""艺术进门"等实地活动，可不断增强群众认可度、喜爱度、信任度，进一步提升县级融媒体中心产品的传播力、引导力和影响力，在满足人民群众文化需求的同时，实施全民文化娱乐引导。

2. 助推"媒体+"运营体系，打造区域性综合服务平台

目前，分散居住已成为乡村居民的居住现状，面对面进行的政务服务所突显出来的空间局限性给社会成员带来了很大困

扰。因此，县级融媒体中心应顺势而为、推陈出新，构建"媒体+政务""互联网+服务"的运营体系，以突出政府的主体服务意识为目的，逐步打造具有地域特色的社会公共服务平台。县级融媒体可凭借强大的组织能力和沟通协同能力，不断满足乡村居民的多样性需求。

在县域空间的行政管理体系中，可采用混合管理模式，将分散于线下的政务服务平台进行线上集中整合，利用数据共享优势，建立联动、协作的"互联网+政务""互联网+服务"体系，如针对农民的各项补贴、社会保险费用收缴、生活项目服务等业务，实现网上"一点完成"办理功能，降低政务工作办理重复性，提高群众对政府工作的满意度。除此之外，县级融媒体中心还可在农业发展、农村建设、农民帮扶等领域加强助力帮扶，以此为推手提升乡村社会治理在群众中的公信力，从而巩固乡村治理成效，助推实现乡村振兴战略目标。

3. 深挖人才资源，促进社会媒体有机合作

县级融媒体中心作为媒体融合的产物，具有贴近实际、贴近生活、贴近群众的自然属性。在目前社会维稳发展的情况下，作为媒体的基层单位，县级融媒体中心扮演着促进国家开展社会治理工作的重要角色。乡镇干部能够有效开展工作，是依靠其与人民群众建立起的和谐关系。所以，要鼓励乡镇干部努力做好"乡村代言人"，通过自主创作，以更为生活化的方式将基层工作、风土人情、农副产品等内容拍摄成片，上传至县级融媒体平台进行展播，加深干部与群众间的沟通交流。此外，要鼓励乡村用户畅所欲言、参与内容创作与生产，以饱满的创作热情将县级融媒体打造成用户自由表达观点的新型平台。同时，借助县级融媒体中心帮助更多人从就业者变为服务者，与其他社会成员一起维护和管理平台，实现将问题解决在基层的愿望。

4. 开展本土化服务，提升便民服务功能

提升便民服务功能是增加群众黏合度的重要手段，单靠新闻媒体是无法支撑融媒体中心整体运作的，也无法更好地吸引受众的关注。针对上述情况，县级融媒体中心可依据受众需求，寻找基层的"大事小情"，沿着"信息传播+公共服务"的路径获得基层群众的信任和关注。这既是提升平台吸引力的需要，也是媒体作为社会守望者的职责。例如，可使用网站和App两种形式建立相应的便民链接：大到医疗卫生，小到水电气暖费用的缴纳、捐赠步数助力环保等。这些项目的启用可满足基层用户的信息和服务需求。所以，县级融媒体中心不仅是功能齐全的媒介体系，还是人民群众的"贴心人""好助手"，更是一条服务于民、惠民便民的彩色通道。由此，在乡村治理过程中，县级融媒体中心应树立良好的本地化服务形象，充分发挥其在舆论引导、信息传播、社会服务等方面的作用，不断提升其社会影响力和公信力。

二、大数据赋能乡村数字治理

大数据时代，实现数字治理是提升乡村治理能力的重要着力点。"中国的乡村数字治理，就是通过数字化乡村治理的政务组织行为体系，构建数字化、信息化、网络化和智能化的新科技设施与技术规则，以推进乡村数字经济社会建设和实现村民数字化美好生活的新型智能治理活动"。实现乡村数字治理对推动我国数字乡村建设和数字乡村振兴发展具有重要的指导意义。我们需要不断创新路径，提升我国乡村数字治理能力和水平。

（一）乡村数字治理的重要意义

乡村是基层治理的重要领域，实现乡村数字治理是大数据时代提高政府数字治理能力、实现乡村经济社会民生智能化治理、彰显大数据技术社会化功能的重要途径。

1. 有助于提高乡村自治能力

数字政府是指在计算机和网络通信等技术的支撑下，政府机构日常办公、信息收集与发布等在数字化、网络化环境下进行的行政管理形式，是一种遵循"业务数据化、数据业务化"的新型政府运行模式。

乡村数字政府建设通过政府管理平台可以实现养老、生态、经济、脱贫等方面的数字化，可以从时间和空间两个维度提高政府办公效率。通过在线办公可以实现政府工作人员办公的弹性化、民众办事的便捷化，特别是对于一些偏远乡村来讲，可以借助政务平台和便民服务小程序办理业务，真正实现"让数据多跑路，人少跑路或者不跑路"，从而提高民众参与社会治理的便捷度。数字政府建设、"智慧党建""村务云"等信息云平台，能够帮助乡村基层组织提升治理效率，大幅提升网上政务服务能力，释放高质量发展的数字红利，推动乡村自治能力和政府治理能力的不断提升。

2. 有助于实现乡村产业数字化

每一次科技革命都促进了生产力的快速发展，带来了生产方式的重大变革。大数据时代，大数据技术的推广应用能够推动乡村农业、乡镇企业等生产方式和销售方式的重大变革。通过乡村数字治理创新，可以促进大数据技术与乡村振兴的深度融合，大幅度改善农村信息基础设施水平，加快乡村发展步伐；可以实现乡村产业生产过程的数字化和智能化，如乡村旅游可以通过旅游数字化平台得到广泛传播，农产品可以通过电商平台销往各地。总之，乡村数字治理创新可以促进乡村产业的持续升级和长远发展。

3. 有助于实现乡村生态建设数字化

乡村是生态文明建设的重要领域，随着大数据技术的发展，乡村水污染、土壤污染、大气污染等环境治理逐步实现数字化。一方面，通过大数据技术不仅可以精准监测各种污染排放、动态演化等，而且可以通过大数据分析、挖掘、可视化各种污染的产生途径、发展趋向等，为实现源头治理、动态治理提供创新思路，比如运用生态数据监测平台，可以实时收集植物生长情况和生物多样性数据，并通过接收气候数据，来预测旱灾和水灾，提前做好预警处理。另一方面，乡村生态治理数据平台，为乡村民众参与生态治理提供了便捷方式。随着乡村产业的不断升级，乡村污染来源也处于变化之中，乡村民众通过产业数字化、乡村治理等数据平台能更加便捷地参与乡村生态治理。同时，只有乡村民众积极参与，乡村污染问题才能更加高效地解决。

（二）乡村实现数字治理存在的"短板"

随着大数据技术的深入发展，乡村数字治理取得一定的成效，数字基础设施不断加强，数字化产业不断推进，数字化生活方式不断深入乡村民众的生活中，同时也存在一些困难和"短板"，这是我们必须面对的问题。

1. 乡村数字政府服务水平有待提高

目前，我国数字政府建设形成省、市、县、乡、村五级治理层级。省、市、县的民众比较集聚，数字政府服务项目落地相对比较容易。这是因为这些区域民众对数字平台的使用率更高，政府提供的数字服务也更精准，尤其是各省市政府提供了多种办事平台，例如在线缴税软件、工资管理 App、114 平台、"一网通办"等，极大地提高了民众的办事效率。与之相比，乡村的数字政府服务水平还有不小的差距，有待进一步提高。从使用效率看，乡村民众对于政府提供的数字平台利用率相对比较低，更习惯于传统的政府直接提供服务的经验服务模式。从空间分布看，由于乡村空间范围广，人员数量多，居住比较分散，现场指导数字平台使用比较困难，一些乡村地区特别是偏远山区存在着数字服务需求较大与网络基础设施相对薄弱、数字政府服务落地难的矛盾。

2. 乡村数字治理领域创新水平有待提高

每一次科技革命不仅提高了社会生产力，而且使人类逐步从繁重的体力劳动和脑力劳动中解放出来，从而使民众有更多的闲暇时间充实自己。大数据技术革命进一步解放了人类的脑力劳动和体力劳动，逐步实现了生产和生活的智能化，乡村民众也有更多的时间用来充实和发展自己。但是，目前乡村数字治理主要用于政府治理、产业化治理、生态治理、脱贫工程等，应用空间比较小，特色不明显。很多乡村民众只是利用数字技术进行娱乐，并没有将数字治理的政治、经济、社会、生态等方面的价值充分挖掘出来，也缺乏对乡村民众数字生活的引领性开发，如对数字生活、数字产业、数字教育等方面的开发利用。

3. 乡村民众对数字治理的接受度较低

大数据时代，技术能否渗透到民众的生产和生活中，除了政府自上而下提供各种数字服务外，关键还要看民众对政府提供的数字服务的接受度和使用率。如城市交通、医疗、环保等领域每时每刻都在产生大数据，通过对这些大数据的存储、分析、挖掘和可视化，可用于进一步精准改善城市的交通、医疗、环保等。但对于乡村来讲，其交通、医疗、环保等领域产生的数据量相对比较少，数据利用的需求少，乡村民众对大数据的认知度和接受度也相对较低。这一方面与乡村民众的需求度低有关；另一方面与他们对大数据技术，尤其是数字治理的认知度和接受度不高有一定的关系。

（三）提升乡村数字治理能力的路径

大数据时代，社会每时每刻都在产生大数据。大数据能否给我们的生活带来便捷，关键看数字治理能力的高低。目前，乡村实现数字治理面临一些"短板"，只有充分认识并积极应对，才能逐步提升我国乡村数字治理的能力。

1. 加大宣传力度，提高乡村民众对数字治理的认知度

大数据时代，很多人对大数据存在误解，似乎大数据只是数量大。其实，大数据主要通过相关性分析挖掘大数据蕴含的规律性知识，用于指导实践。

第一，要通过宣传让乡村民众理解大数据，这是非常关键的。乡村作为我国数字政府实现治理变革的基层组织，需要通过省市等组织带来的数据治理变革来引领。第二，加大政府数字治理平台的宣传力度。对于"一网通办"等数据平台，需要各级政府到乡村去宣传和示范，真正做到将数字治理服务到每个乡村、每个民众，将以人民为中心的发展思想贯穿到乡村数字治理的全过程，不断提升乡村民众数字化生活的获得感、体验感、幸福感和安全感。第三，提高乡村民众的参与度。通过宣传，使乡村民众真正理解数字治理的优势，提高他们对数字政府、乡村产业、乡村生活数字化的认同感和参与度。正如约翰·布洛克曼所言："因特网让个人更有机会参与公共事务。"

2. 加大技术创新力度，提高数字技术的便捷性、安全性

技术是否能够实现社会化，关键是看技术本身的创新性、成熟度和转化的便捷性。大数据技术的发展直接催生了人工智能的社会化进程。

从乡村数字治理能力现状看，目前存在一些服务平台应用不便捷、不安全等问题。需要加大技术创新力度，将人工智能融合到乡村政府数字治理的过程中，提高数字治理的便捷性、安全性和数字技术的成熟度，这样才会有更多的基层民众参与到数字治理的过程中。同时，由于乡村人才力量比较薄弱，应用于企业、生态和乡村民众生活的数字技术开发也应秉持便捷、安全、高效等价值，真正做到好用、管用、适用，才能使

数字技术在乡村生产、生活、生态等方面得到渗透和应用。为此，我们在提高大数据技术和人工智能技术创新的同时，应加大数字技术到乡村的示范服务，让乡村民众真正感受到数字治理在政府治理、产业数字化和民众生活数字化方面的作用。

3. 加大服务创新力度，为乡村实现数字治理提供特色服务

乡村作为我国数字治理的重要领域，有其特殊性，如空间比较大、人口相对比较分散、教育基础薄弱、产业规模较小等。所以，乡村数字治理模式创新要紧密结合乡村的现实需要。

第一，要根据乡村的现实需要开发数字治理平台，实现教育、产业、就业、脱贫等治理模式的特色化。推动"互联网+社区"向农村延伸，实施农村"雪亮工程"，加快推进"互联网+公共法律服务"，依托全国一体化在线政务服务平台，加快推广"最多跑一次""不见面审批"等改革模式，推动政务服务网上办、马上办、尽快办，提高乡村民众办事效率。第二，创新政府数字治理服务方式，让数字红利真正惠及乡村民众的生产和生活。实施领导干部数字下乡包干制度，只有政府服务下沉到基层，乡村民众才能真正感受到数字治理的效能，提高乡村民众利用数字平台的能力和数字安全意识。第三，政府应为乡村治理提供特色服务，助推乡村振兴战略。我国乡村分布地域广，各区域发展特色各不相同，因此，乡村数字治理应彰显乡村产业特色、区域特色、生活方式特色等。

4. 加大顶层设计力度，为乡村数字资源整合利用提供支撑

乡村是我国政府治理的最基层，对其管理的机构比较多，包括教育、宣传、财政、农业、交通运输、人力资源、社会保障、生态环境保护等多个部门，各部门对乡村治理都行使一定的服务职能。如果没有顶层设计，孤立的各部门采集的数据容易形成一个个孤岛，很难发挥大数据精准治理的功能。

因此，要加大顶层设计力度，构建服务于乡村产业数字化发展的具体模式或者服务方式，实现乡村不同管理部门之间大数据资源的整合，挖掘大数据中蕴含的信息和知识，充分彰显大数据治理的精准性和预测性特质，凸显乡村数字治理的协同性和精准性。只有从顶层设计上实现大数据资源的整合，大数据资源才能实现向大数据资本的转换。乡村大数据融合发展，可以避免数据的重复收集，提高工作效率。由于乡村实现数字化治理是新生事物，需要通过顶层设计在大数据整合和服务等方面推动大数据在乡村落地，实现乡村农业、工业和服务业等产业的数字化，以及乡村治理、乡村民众生活的数字化。

5. 让乡村民众感受到 5G 时代的便捷性

乡村数字治理现代化是我国治理现代化建设的重要领域。而乡村数字治理现代化的实现需要有数字基础设施平台的支撑。随着 5G 时代的到来，要加大乡村数字基础设施建设的力度，大幅提升乡村网络设施水平，完善信息终端和服务供给，加快乡村基础设施数字化转型，将乡村数字治理与乡村现代化建设融合起来发展。只有具备较好的数字基础设施，才可能将乡村更多的大数据资源整合起来，发挥精准治理的功能。

第三节　加强农村乡风文明建设

在社会主义新时代背景下，提升德治有效性是完善乡村治理体系、走乡村善治之路的客观需要，是推进乡村治理现代化的应有之义。结合当前乡村德治建设面临的难题，可以从加强乡村道德建设、传承乡土文化、培养新时代乡贤三个方面来增强德治有效性，从而助力乡村德治水平不断提高。

一、加强乡村道德建设，弘扬社会主旋律

道德作为一种意识形态，是一种柔性约束，具有教化的功能，能在无形中影响人的思想观念和行为方式。乡村道德作为

村民重要的行为规范，通常比法律规范的适用性更广，是调节村民之间相互关系的有效手段。不断加强乡村道德建设是增强德治有效性的重要途径，是实现乡村善治目标的内在要求。

（一）挖掘传统道德资源

优秀传统道德文化是乡村德治的重要资源。农村整体发展缓慢，受市场经济和现代化影响力度小，依旧保存着丰厚的传统伦理道德资源，尤其是儒家思想文化对乡村社会的影响深远且广泛，广大农民对传统的伦理思想的接受度也比较高，这些都为乡村德治提供了便利。在传承传统道德规范时，不仅要尊重乡村原有的道德传统，挖掘濒临消亡的珍贵道德遗产，还应结合时代要求进行创新，注重引导村民养成爱党爱国、孝老敬亲、守信重义、勤俭持家等道德自觉，不断增强对传统伦理道德的情感认同。此外，乡规民约源于具体的乡村生活，是村民道德、价值观践行的共同准则，其不受宗法因素的影响，依靠自身的公信力在解决邻里矛盾等问题上发挥了重要功能。随着乡村治理的深入，乡规民约在维护乡村秩序、惩恶劝善、净化风气等方面的作用愈加凸显，是乡村社会治理不可或缺的传统道德资源，应重点挖掘利用。

（二）坚持社会主义核心价值观

社会主义核心价值观是当前社会主流意识形态，对乡村社会道德规范具有重要的塑造整合和价值引领作用。在加强乡村道德建设过程中积极融入社会主义核心价值观，运用柔风细雨的方式让社会主义核心价值观的内涵和底蕴与道德规范深入结合。既不让这些非正式规则偏离社会主义方向，又使得广大农民乐于接受，使社会主义道德规范沉淀为农民的内心自觉，勇于对抗各种错误腐朽思想，从而变抽象的理论为农民的具体行动，在全社会形成弘扬真善美的良好风尚。

（三）建立健全道德标准评议体系

科学有效的道德标准评议体系有助于乡村社会形成良好的

道德风气和传承正能量。依据当地实际情况，制定村民易接受、操作性强的道德标准评议体系，并以书面文件的形式作出规定。设立评议机构，由村民选出思想觉悟高、群众基础好、责任感强、有威望的人担任评议机构成员，人员定期换届，减少不公平现象的出现。在开展评议活动的过程中，评议程序和结果都要坚持公正合理的原则，维护村民的利益的同时，还应发挥道德的感召力和影响力。此外，乡村道德建设应重视榜样教育，宣传身边好人好事，树立先进典范，营造积极向上的舆论氛围，运用榜样的力量引领乡村风气、弘扬社会主旋律。

二、继承优秀传统乡土文化，培育文明乡风

乡土文化滋生于中国广大农村地区，是中华民族赖以生存发展的精神寄托和智慧结晶，是凝聚民心的精神纽带，是区别人类其他文明的重要元素。继承并创新优秀传统乡土文化是提升文化软实力的现实需要，也是丰富农民精神面貌的必然要求。乡土文化源远流长、内涵丰富，乡村德治应继承和发展中华优秀传统乡土文化，深入挖掘其中蕴含的人文精神和时代价值，结合时代要求进行创造性转换，让中华优秀乡土文化在人类文明史上生生不息。

第四节 "三治"融合的现代化乡村治理体系

村治理体系是以"自治、法治、德治"相互融合而形成的，故简称为"三治"融合。其发展主要来源于浙江省桐乡市进行的"三治"试验，由于该试验的成功，这种治理方式快速在全社会推广开来。然而，在治理体系健全化的背景下，其推广过程中的理论逻辑、实践应用还需继续完善，加之社会形势的快速变化，加强对"三治"融合的探究与思考显得尤为重要。

一、"三治"融合在乡村治理中的内在关系

自治是基层群众性自治组织、社会组织、公民等进行自我

管理、自我服务、自我教育，有序参与社会事务的一种治理方式。法治是依法律而治，实现科学立法、严格执法、公正司法、全民守法的一种治理方式。而德治是以社会主义核心价值观为根本，通过道德教化作用，实现良好社会风尚的一种治理方式。

（一）自治是乡村治理体系建设的主体内容

"三治"是按照"自治、法治、德治"的顺序提出的。这说明，自治在"三治"中居于核心地位。农村地区情况复杂，区域性特征鲜明，主体多样，文化特殊，因此在治理中，必须给农村充分的自主性，实现"村人治村"，只有这样，才能更好地化解农村各种矛盾，处理农村事务，维护农村秩序。

（二）法治是乡村治理体系建设的基本保障

自治需要通过法治加以规范与保障。农村居民自治，是法治基础上的自治。法治是国家意志的体现，是自上而下的"硬治理"，基层治理必然要以法治为根本要求，以法律作为规范基层所有主体行为的准绳。

（三）德治是乡村治理体系建设的根本支撑

健全乡村治理体系建设，最根本的还是要在道德范畴加强对村民的教育感化，使安定团结成为人人认同的情感追求，使乡村治理内化为农村人民的自觉行为。在农村社会治理中融入德治，能够发挥道德引领、规范、约束的内在作用，为自治和法治赢得情感支持、社会认同，使农村社会治理事半功倍。

二、"三治"融合的现实应用

对于"三治"融合乡村治理体系的实施，在众多地方均有见证，而且取得了良好成效。其中最为典型的浙江省桐乡市的"三治"结合试验，在实践过程中教会农民如何守法用法，发挥乡贤的作用和优秀传统文化的感召力，提升农民的主人翁意识，"三治"有效融合共同推动当地经济发展和社会稳定。

云南省昆明市官渡区矣六乡子君村在改革过程中，通过开展各种文娱类活动，激发村民的参与热情和自治精神；乡村基层组织对群众进行普法，耐心劝解相关涉事群众，将许多矛盾遏制在萌芽状态，并培养了群众的法治思维；该村组织开展相关文明创建活动，唤醒群众对于优秀传统文化的认同感，利用村规民约来维护乡村安定和谐。这3个方面的共同融合为乡村治理达到善治奠定了坚实基础。这些实例表明"三治"融合的乡村治理体系为乡村发展提供了助力，但是其中存在一些问题需要及时发现并解决。

三、乡村治理体系中"三治"融合的创新性举措

（一）在健全社会保障体系中强化乡村素质教育

针对乡村治理过程中主体缺位的现象，国家需要让村民的养老、医疗、卫生、教育、薪资等方面得到保障，这样村民才愿意在村里生活，才会去了解自治是什么。因此，国家要积极探索完善乡村社会保障体系，在全面建成小康社会扫清贫困的过程中，逐步保障村民的各项合法权益得到落实，以此来激发广大农民积极投身乡村自治。另外，在自治过程中要加大力度对村民进行合理的自治教育，普及相关的自治知识，将自治的积极性用通俗易懂的话语讲解给村民，来提高他们学习和参与自治的积极性。

（二）在完善乡村法治体系中培育群众的法治观念

关于乡村治理中的法治问题，国家要积极了解各类乡村的具体实情，针对性制定适合实际情况的法律法规。一方面，要对现有各项法条的明确性进行审核，做到有法可依；另一方面，要查漏补缺，积极完善相关领域缺失的法律，做到全面覆盖。另外，政府有关部门要积极开展普法宣传，宣传的手段和内容要贴合实际，用村民所能理解的语言来宣传一些村民日常生活中的法律案例，让他们真正了解法律对于提高乡村治理效

率的重要作用，也要让村民认识到法律的监督作用，让他们能用合理合法的手段解决乡村选举等事务中出现的不公平问题。

（三）在重修乡村优秀传统文化中锻造各自的乡村文化

乡村文化对于乡村德治有着内力推动作用，德治的基础在于生于斯、长于斯的乡土文明。因此，各级政府及相关文化建设部门要积极探索各自乡镇的优秀传统文化，通过修复、学习、继承、传扬等方式，将传统文化的优势彰显在当代乡村治理中。在这个过程中要注意将乡村文化与道德的引领作用相结合，教育村民保持淳朴之风，提高村民的集体认同感，同时要提高传统的乡规民约和乡贤理事在推动乡村德治中的地位，让乡村文化建设在德治的有效治理中快速推进。

（四）完善"三治"融合的理论架构并强化其引领作用

实施"三治"融合的乡村治理体系以来，在现实落实过程中并没有出现具体的理论性文件来指导各地。乡村治理体系中自治、德治和法治的融合是一个系统化、协同化的工程，而不是三者的简单相加。因此，在理论架构上要厘清自治、法治和德治的多元关系，明确"三治"主体需要注意的多重心，建立"三治"融合治理中的三维运营机制，保证"三治"在合理、合法、透明、公正的环境下实施。

第八章　经营管理基础

第一节　专业大户经营管理

一、种植大户的生产管理

种植业生产管理是专业大户生产管理重要内容之一。

（一）种植业生产结构优化

种植业是指除林果业以外的以人工栽培的植物生产，包括粮食作物、经济作物、饲料作物、绿肥作物、蔬菜、花卉等农作物的种植生产。种植业是专业大户的基本生产类型之一。它不仅是农业的主要生产部门，而且为其他部门提供基本原料和生产资料。因此，种植业生产的组织管理是专业大户的基本管理活动。

（二）种植业生产计划

生产计划是生产活动的行动纲领，是组织管理的依据。种植业生产计划就是将年内种植的各种作物所需要的各种生产要素进行综合平衡，统筹安排，以保证专业大户计划目标的落实。

（三）种植业生产过程组织

农作物生产过程，是由许多相互联系的劳动过程和自然过程相结合而成的。劳动过程是人们的劳作过程；自然过程是指借助于自然力的作用过程。种植业生产过程，从时序上包括耕、播、田间管理、收获等过程；从空间上包括田间布局、结构搭配、轮作制度、灌溉及施肥组织等过程。各种作物的生物学特性不同，其生产过程的作业时间、作业内容和作业技术方法均有差别。因而，需要根据各种作物的作业过程特点，采取相应的措施和方法，合理组织生产过程。

二、养殖大户的生产管理

（一）养殖业生产管理的类型

养殖业生产，是指所有牲畜、家禽饲养业和渔业生产，主要提供肉、蛋、奶及水产品；为轻工业提供毛、皮等原料；为外贸提供出口物。养殖业的发展对改善人们的食物构成，提高人们的生活质量具有重要的意义。

根据生产对象的饲养特点和动物性产品的消费特性，可将养殖专业大户划分为四大类型：

第一类，以牲畜为生产对象。包括养牛、马、猪、羊、兔等，这类专业大户的产品主要是肉、皮、毛、乳等。

第二类，以禽类动物为生产对象。包括养鸡、鸭、鹅、火鸡、鹌鹑等，这类专业大户的主要产品是肉、蛋、毛等。

第三类，以水中动物为生产对象。包括养鱼、虾、贝类、蟹、水生藻类、贝养珍珠等。这类专业大户的主要产品是水生动物的肉、寄生物等。

第四类，以虫类动物为生产对象。包括养蜂、蚕、蚯蚓、蝎等。这类专业大户的主要产品是虫类的蜜、丝、皮、全身等，还有重要的制药原料等。

由于养殖业包括的内容繁多，这里只以养殖畜、禽类动物的专业大户为例，介绍养殖业生产专业大户的管理及其方法。

（二）养殖业生产计划

畜禽生产，除了依靠专业饲养技术人员搞好饲养管理外，还必须依靠专业管理人员搞好生产管理。生产管理的关键是作好计划管理，包括生产计划和生产技术组织计划。

家畜生产计划主要包括畜群交配分娩计划、畜群周转计划、畜产品产量计划和饲料供应计划等。

第二节 家庭农场经营管理

一、家庭农场的基本概述

家庭作为一种特殊的利益共同体，拥有包括血缘、感情、婚姻伦理等一系列超经济的社会纽带，更容易形成共同目标和行为一致性。以家庭为单位进行农业劳动，在农业生产过程中不需要进行精确的劳动监督和计量，劳动者具有更大的主动性、积极性和灵活性。因此，家庭农场作为一种有效率的组织形式，完美地解决了农业生产中的合作、监督和激励问题，是农业生产经营的最佳组织形式，也是世界各国农业生产中占绝对优势的经营主体。

家庭农场是指以家庭成员为主要劳动力，以农业收入为主要来源的农业经营单位。以家庭成员为主要劳动力，从事农业规模化、集约化、商品化生产经营，并以农业收入作为家庭主要收入来源的新型农业经营主体，可以提高农业集约化经营水平、提升农业效益。

二、家庭农场的创办

家庭农场作为一个独立的法律主体，对内自主经营，对外承担义务，相应的权利应有法律保障，承担的责任应由法律监督，政府扶持政策更需要一个经过法定程序确认的主体来承受。因此，无论从规范管理还是政策落实的角度，家庭农场主体资格的确认必须经过一定的审核和公示程序，工商注册登记可以作为家庭农场依法成立的前提条件。

三、家庭农场的项目建设

家庭农场的发展与成长，离不开家庭农场成员自身的拼搏和努力，但自身力量毕竟有限，如果能获得国家农业资金的支持，就能更有效地为家庭农场注入动力，增强活力。因此，家庭农场对项目及项目建设应该有必要的了解，并有针对性的争取。

项目一般指同一性质的投资或同一部门内一系列有关或相同的投资，或不同部门内一系列投资。具体项目是指按照计划进行的一系列活动，这些活动相互之间是有联系的，并且彼此间协调配合，其目的是在不超过预算的前提下，在一定的期限内达成某些特定的目标。

而农业项目，泛指农业方面分成各种不同门类的事物或事情。包括物化技术活动、非物化技术活动、社会调查、服务性活动等。在农村、农业、农民的实际工作中，拥有数以万计的各种类型、内容不同、形式多样、时限有长有短的农业项目，包括每年新上的项目、延续实施的项目和需要结题的项目等。

四、家庭农场的融资管理

(一) 农场主加强与政府、金融机构三方协作

积极争取政府给予那些向农场主提供贷款的金融机构政策性补助，争取农村信用社对家庭农场的信贷支持；争取民间资本积极参与到家庭农场建设，加大对农场的基础设施投入。积极了解金融机构的贷款限制，争取银行、信用社放宽对农场主的贷款限制，降低贷款利率，实行差异性贷款模式，对不同经营规模的农场主给予不同程度的贷款限额。也有一些地区，以"优惠贷款""专项资金""贴息贷款"的方式支持家庭农场发展，家庭农场主要通过各种信息渠道，力争获取这些政策性的资金扶持项目，减轻农场的融资压力。

(二) 尝试新的融资担保服务

《中华人民共和国担保法》（以下简称《担保法》）第37条规定，农村宅基地、耕地的土地使用权不能抵押。但是，作为一般的家庭农场主，他向银行贷款融资所能作为抵押的一般都是自有的农村宅基地和耕地的土地使用权。这一规定严重地制约了家庭农场主的融资贷款，不少地区开始允许农场主用住

房、农产品的收益权作为抵押品。我们对为了破除现行法律制度在农村产权抵押担保上的制约作用进行了估计，国家层面可能对《中华人民共和国物权法》《担保法》等进行论证、修改，推动农村产权改革，取消或者适当放宽对农村承包经营用地、宅基地的抵押限制，提高农村产权的流动性，建立农村产权市场，实现农村各类产权效用的最大化。在相关法律规定修改前，可以参考一些地区通过国务院批准试点的方式，探索破解农村产权抵押难题，以降低市场参与主体特别是银行面临的法律风险。例如，温州出台了《关于推进农村金融体制改革的实施意见》和《关于推进农房抵押贷款的实施办法》，使农村房屋抵押贷款有章可循。随后，温州又出台了《农村产权交易管理暂行办法》，规定12类农村产权可以进入市场交易：农村土地承包经营权；林地使用权、林木所有权和山林股权；水域、滩涂养殖权；农村集体资产所有权；农村集体经济组织股权；农村房屋所有权；农村集体经营性建设用地使用权；农业装备所有权（包括渔业船舶所有权）；活体畜禽所有权；农产品期权；农业类知识产权；其他依法可以交易的农村产权。

（三）联保贷款

农场主之间可以互相合作，实行联保贷款；农场主之间加强交流，家庭农场经营好的农场主可以为正遇到融资困境的农场主提供实践性经验。

五、家庭农场的风险控制

农业与工业不同，天然存在着风险高的特征。对于家庭农场而言，随着经营规模的扩大，风险也在相应扩大，必须有一个良好的风险控制体系，重点防控好自然风险、疫病风险、市场风险、制度风险和社会风险五大风险。

（一）自然风险

农业区别于工业的最大风险是自然风险。农业是从自然界获取劳动成果，因此农业基本无法避免自然风险，只能通过避灾救灾减少影响。比如，播种时的干旱少雨，如果没有灌溉，则可能无法播种而错过农时；再如，作物生长过程中的冰雹、旱涝、冷热灾害随时会发生，"倒春寒"使陕西苹果开花受冻严重，至少250万亩的苹果产量会受影响；另外，成熟季节的农作物，可能因为冰雹等突然的恶性自然灾害导致产量大幅损失甚至颗粒无收。防范自然风险，虽然国家的政策性农业保险制度还在完善，但已经提供了基本的风险保障，要注意运用好这一政策。同时，还可以考虑农业商业保险。一些农业技术措施也可起到缓解作用，比如近年苹果产区发展较快的防雹网建设，一次性投入较大，但防范冰雹的能力明显提升。

（二）动植物疫病风险

口蹄疫的暴发可能导致养殖场的偶蹄动物整体死亡或者被国家强制扑杀，对生猪、牛羊养殖威胁很大，必须以最严格的措施防范。至于一般的动物常见疫病，往往也会造成动物死亡或者商品性丧失。再如，小麦、玉米的流行病害或容易暴发的虫灾，往往会导致产量极大的损失，像这两年正在严重发生的小麦吸浆虫、玉米黏虫等，防控不及时，产量损失极大。在动植物疫病风险的防控上，主要是严格的技术管理和持之以恒的严密防控心态，一旦出现麻痹，往往付出惨痛代价。这两年讲的养殖企业"拼管理"，其实主要是技术管理，疫病损失越少，养殖效益才能越好，就像足球场上比的是谁的失误少。

（三）市场风险

市场风险不论工业农业均要面对，但农业的市场风险更残酷，这是因为农产品的一些特殊属性决定的。由于农产品多为鲜活农产品，所以保质期十分短暂，必须在收获时节的极短时间内出售，否则可能腐烂变质一文不值。即使那些保质期长的农产品与工业品的保质期相比，也是差距甚远。于是就形成了农产品常见的难卖问题，一到集中收获季节，往往量大价跌，供大于求，不仅效益下降，而且浪费惊人。应对市场风险，一方面，要重视农产品市场分析，避免陷入"丰收陷阱"；另一方面，要加强生产的组织化程度，通过行业协会、订单农业、合作社联合等方式，稳定市场，畅通产后渠道，保障收益。

（四）制度风险

制度风险是系统性的，家庭农场个体一般无法应对，常见的就是政策的变动。比如，在前些年政策还比较宽松的时候，畜牧养殖场是可以建在基本农田的，当地的政府也是允许的，甚至还有鼓励政策，但随着国家土地政策的日趋严厉，基本农田的畜牧养殖是不允许建立的，已经建立的只有拆除，这个损失对养殖场显然是巨大的；再比如，一些地方为发展地方经济而鼓励的小型产业项目，承诺有优惠政策，也宣布有订单保障，但往往随着地方领导变迁，可能人走政息，政策难以落实，订单更无从谈起，参与项目者损失惨重。应对制度风险，需要家庭农场的负责者重视地方产业政策的研究，摆正经营思想，科学选择产业，避免因一时投机取巧而付出沉痛代价。不过，正常的国家优惠政策是应该积极争取的，这是应得的国民待遇，不应拒之不理。

（五）社会风险

这个风险过去叫农民的道德风险，是由于农民对于市场经济规则的不懂不问、不遵不守而引发的，常见的是土地流转纠纷。对多数的家庭农场而言，自有土地是少数，更多的土地靠流转，而经营农业的人都知道，土地经营权的长期稳定是投资农业的首要前提。在实际中，因为种种原因，农民突然违约强行收回流转土地的情形屡见不鲜，并引发严重社会事件。最一般的结局往往是当地政府为维稳大局而对农民息事宁人，使规模经营者蒙受损失。更有严重的，农民在规模经营者经营状况明显改观之际，公然哄抢或破坏，更是法难责众。应对这一风险，要学会同农民打交道，多从农民的角度考虑问题，在长期的土地流转合同上要留给农民3~5年调整一次流转租金的机会，主动协调，避免被动；同时，要善于运用流出土地农民的剩余劳动力，给他们就业机会，重视社会沟通，减少抵制情绪；还要注意乡村党政力量的沟通，力求矛盾发生时的公正评判。

第三节 农民合作社经营管理

一、农民合作社的概念

农民合作社，也称农民专业合作社，是指农民特别是指以家庭经营为主的农业小生产者，为了维护和改善各自的生产以至生活条件，在自愿互助和平等互利的基础上，遵守合作社的法律和规章制度，联合从事特定经济活动所组成的企业组织形式。

二、合作社组织管理机制建设

（一）建立健全积累机制

法律规定对成员出资额没有下限，加上出资方式多样，且不需要验资，带来成员出资额少且实际到位率低的问题。重利润共享、轻风险共担，极大影响了合作社法人财产权的壮大，不利于增强扩大再生产能力和提高对外交往的信用水平。合作社要充分运用章程，对成员出资额做出明确规定，尽量提高成员出资水平，保证出资额到位；正确处理分配和积累的关系，建立健全合作社分配积累机制；完善公积公益金、风险基金提取和利润留成制度，建立健全合作社法人财产的科学增长机制，切实提高扩大再生产能力；加强合作社资产清查管理，建立健全资产登记簿制度，加大资产管护力度，防止因管理不严导致资产损耗损毁、流失或被侵占；加强合作社经营管理人才的引进和积累，充分运用省政府对大学毕业生从事现代农业的补助政策，引进大学毕业生到合作社工作，着力提升合作社经营管理水平。

（二）建立健全决策机制

法律规定合作社的权力机构是全体成员大会，成员 150 人以上的方可设立成员代表大会，成员大会决策成本高、效率低，难以有效抓住发展机遇。为提高合作社决策效率，需要健全以章程为依据、以理事会为中心的"代议制"决策机制。即通过章程，依法明确理事会、经理层、成员代表大会、成员大会分级决策的内容事项、相关程序和方式方法。在决策程序上，对紧急而重大的决策可由理事会提请、成员入户审议（代表）签字（可以签同意、不同意或弃权）的方式进行；在决策方式上，可以采取公告无异议的方式，降低讨论和集中开会的成本。加强章程的宣传，使章程规定的决策制度成为全体成员遵循的规则，成为理事会代表大多数成员意志行使权力的依据，在合作社内部形成相对集中又体现民主的决策机制，使理事会成为合作社的经营中心和利润中心。

（三）建立健全组织结构

法律对合作社组织结构建设缺少具体规定，实践中不少合作社实行理事会直管制，不利于扩大规模及提高管理效率。为此，要根据合作社业务发展和规模扩大实际，推进合作社组织管理结构再造，改变理事会"眉毛胡子"一把抓，忙于琐事、疏于管理的状况，因社而异采取直线制、直线职能或事业部制的组织结构设计。直线制，就是将众多成员进行分层管理，根据地域等划分，设立分社或小组，形成合作社—分社—小组的管理结构，理事会将任务分配到分社，由分社组织开展生产和服务，分社再将相关任务分配到小组，由小组成员实施生产服务。直线职能制，就是在直线制基础上，根据合作社的不同任务和服务内容，在理事会下设办公室、财务部、营销部、技术服务部、物资采购部等职能部门，将理事会部分职能授权于这些部门，分社和职能部门统一对理事会负责，职能部门可以对分社进行业务指导。事业部制，适合地域广、生产相对独立、产业链相对较长的合作社，实行分级管理、分级核算、自负盈亏，合作社总部保留人事决策、预算控制和监督权，并通过利润、产品调配等对事业部进行控制。

（四）建立健全激励机制

着力在合作社内部构建管理者和生产者"同呼吸共命运"的利益共同体，更好地发挥内部利益相关者的主动性、积极性和创造性。对管理者，鼓励倡导其依法入大股，或者在总生产服务中占有较高比例，使生产服务性收入成为管理者的主要收入，确保其为合作社出大力；实行薪酬制，根据管理者工作量（或误工量）大小和生产经营目标任务完成情况，采取固定补贴、基本工资加奖金、实误实记等方式给付薪酬；实行承包制或经济责任制，防止管理者干好干坏一个样、吃大锅饭。如桐庐钟山蜜梨专业合作社根据成员生产成本加适当利润，确定一个"出社价"，市场销售超出"出社价"部分按一定比例归营销者所有，有力提高了营销管理人员的积极性。对生产者，合作社要多为成员服务，包括生产和非直接生产服务，平时多走访、多调研成员，对困难成员多提供帮助，适当组织相关文体活动，提高成员的关注度和自豪感；经常性开展先进评比活动，对应用先进技术好、节本增效好、生产水平高的及时给予表彰；在成员中实行成本核算制，尤其是实行免费提供种子种苗和相关农资合作社，鼓励成员加强生产管理、节约农资、提高生产效率。

三、合作社经营机制的创新

（一）创新规模化经营机制

（1）创新成员发展机制，提升生产者成员规模。成员的联合是合作社的天然属性，农民成员越多，合作社的存在价值越高、社会影响力也越大，尽可能吸收农民入社是发展合作社的基本要求。要以普通纯农户为基础，专业大户为重点，积极发动和吸收周边同类或相似产品生产经营服务者入社，壮大生产者成员队伍。为确保新吸收成员的素质和对参加合作社的适应性，准确把握和运用"入社自愿"原则，在章程中创设符合合作社生产经营实际的入社基本条件和程序。

（2）创新土地集聚机制，提升土地经营规模。"土地是财富之母"，没有一定的土地经营规模，发展壮大就缺少基础。要积极运用土地流转手段，加快创建和扩建核心基地，着力打造合作社的"根据地"。并以"根据地"为核心，以成员自主经营土地为紧密联结基地，以非成员经营土地为辐射带动基地，努力形成多层次的规模经营。

（3）创新资本集聚机制，提升合作社资产规模。资产规模是衡量合作社实力和信用的重要标准，也是合作社发展壮大的重要基础。倡导和鼓励全体成员多出资，增强成员对合作社的归属感，支持骨干成员在法定范围内入大股，使骨干人员成为合作社的精英力量和主要管理者，激发其出大力，扩大成员出资的规模。搞活信贷融资机制，充分运用金融机构支农政策，通过授信贷款、订单质押贷款、流转后土地承包经营权抵押贷款等途径进行融资，扩大合作社信贷资产规模。

（二）创新一条龙服务机制

（1）创新产前服务机制，服务成员生产准备。主要从成员需求较强烈的农资采购供应、土地租赁流转、资金周转服务等三个方面抓好服务。加强农资采购合作，灵活采取团购、自营等方式，提高农药、化肥、饲料、种子、种苗等农资统一供应水平，确保能便捷及时配送到成员和农户手中；加强对成员流转土地的服务，鼓励和协助成员扩大生产规模，并同步统筹安排全体成员的生产经营布局；加强成员信用合作，倡导合作社和成员共同出资设立互助专项资金，运用成员联名担保等方式向成员发放短期周转资金，提高成员正常开展生产经营活动的能力。推动合作社在内部全新打造"供销合作、作业合作、信用合作"三位一体服务体系。

（2）创新产中服务机制，服务成员生产作业。主要从成员和农户生产各作业环节的细分服务入手，抓好全程专业服务。根据合作社产品的生产环节构成情况，因社制宜发展育种育苗、机耕播种、土肥植保、疫病防控、排灌、机收烘干等服务内容，灵活采取全程式或菜单式服务方式，着力形成一站式、一条龙的服务机制，通过服务提升成员生产的组织化、协同化发展。结合产品生产的技术特点和相关新品种、新技术推广的需要，积极借助科研院所、农技推广部门、合作社专业技术人员等力量，加强对成员的技能培训和指导服务，确保其生产过程达到技术标准要求。结合实际探索发展自主、外包、定点等不同方式的农机具维修服务。

（3）创新产后服务机制，服务成员收益实现。主要以服务成员生产劳动价值实现为目的，建立健全收购销售及相关配套机制。采取定点收购、上门收购或相互结合的方式，加强统一收购服务，确保产品在成员手上不积压、不变质，在成员交售产品或市场销售实现后及时兑现收购资金。综合运用订单合同、市场直销、门店展销、"农超对接"、网络营销等渠道，着力拓展和形成多层次、宽领域、全方位的产品销售渠道；根据产品定位和利润空间大小，进行市场细分和分级销售，有选择、有重点、有结合地开发低端或中高端客户，着力开辟经销商欢迎、消费者追捧、适销对路的细分市场。

（三）创新规范化运行机制

（1）推进组织规范化，彰显合作制属性。合作社是劳动联合基础上以产品交售和服务利用为中心的市场主体。合作社要在依法设立和运作基础上，针对成员联结松散，有"合作之名"、少或无"合作之实"的现象，着重创新和改进成员对合作社的产品交售和服务使用机制，提高成员产品统一交售率，提高成员对合作社提供服务的使用率，增强合作社与成员之间生产经营行为和利益联结紧密度，彰显合作之实。

（2）推进生产规范化，顺应标准化潮流。标准化是实现产品质量可控、可追溯和生产方式可重复、可推广的必然选择。建立健全覆盖生产作业各环节、全过程的操作规程和衡量标准，推行"环境有监测、操作有规程、生产有记录、产品有检验、包装有标识、质量可追溯"的全程标准化生产。已有国家或地方标准的，要严格按照标准组织开展生产，尚无相关标准的，要积极主动创设标准，获取制标优势引领本产业本行业率先发展。

（3）推进管理规范化，确保制度化发展。在发挥合作社能人、精英和骨干的带领作用的同时，转变"制度是死的、人是活的""没有制度、照样能搞好管理"的错误思想，树立和强化用制度管人、管事、管权的意识，推动民主管理制度、财务管理制度、日常经营管理制度等的建立健全和实施落实，提高合作社制度化管理水平。推动合作社社务公开，创新公开方法和形式，重点公开财政扶持项目资金使用、合作社工程项目建设、财务收支、成员交易额等情况，提高合作社公信力。

第四节　农业产业化龙头企业经营管理

一、农业产业化的概念

农业产业化，是指在市场经济条件下，以经济利益为目标，将农产品生产、加工和销售等不同环境的主体联结起来，实行农工商、产供销的一体化、专业化、规模化、商品化经营。农业产业化促进传统农业向现代农业转变，能够解决当前一系列农业经营和农村经济深层次的问题和矛盾。

二、农业产业化龙头企业的发展要关注的方面

农业产业化龙头企业要注重科技创新战略。科技创新与企

业的产品研发、技术变迁等息息相关，是企业发展壮大的必要条件，是决定企业竞争能力的关键因素，企业只有坚持科技创新战略才能适应消费者的不同需求，满足复杂多变的消费市场。龙头企业科技创新要以先进的科学技术为基础，融合农产品创新和工艺创新，提高产品品质和科技含量。与此同时，要加强产品的更新换代，增强企业的综合实力。在科技创新的过程中，要以市场需求为导向，不能忽视市场需求，形成多层次的科技投入结构，以技术支持体系确定龙头产业的发展战略。

农业产业化龙头企业要注重信息化战略。目前，我国农业产业化龙头企业的信息化建设还处于初级探索阶段，在技术变革、人才引进、资金运转等方面还存在短板，为了迎接新的机遇和挑战，农业产业化龙头企业的信息化建设具有重大意义。

龙头企业应该从实际出发，结合我国国情，实施信息化战略，提高对农业信息化的认识。结合机制创新、体制创新、技术创新和管理创新等活动，以最需要实现信息化建设的环节作为突破口，研发和利用信息资源，提高对市场变化的应对能力。结合资本、信息、技术等要素，构建有效的激励和约束机制，调动企业员工的积极性。充分利用企业外部的信息网络，统计和分析农产品交易数据和价格趋势，根据信息资源制订自身发展计划，实现战略目标。

农业产业化龙头企业要注重联盟战略。在经济全球化的背景之下，企业之间已经从原来单纯的对立竞争关系调整为合作竞争，联盟战略作为合作竞争的主要方式应该受到企业的重视。农业产业化龙头企业需要在产品研发、质量控制、技术创新、市场开拓等方面与其他企业开展合作，打造双赢的局面。一方面，龙头企业可以与国内大的销售网络甚至跨国公司形成战略联盟，并借此拓展企业规模，适应国内外市场；另一方面，可以和农业行业协会结成联盟，获得整个行业的相关信息，与时俱进；再者，还可以与权威科研机构实现战略联盟，借助科研机构的先进技术和研发成果，申请相应产品的专利，实现个性化生产。

农业产业化龙头企业要注重"走出去"战略。"走出去"是我国发展外向型经济，参与经济全球化的必由之路。龙头企业不能只局限于国内市场，而要实施"走出去"战略，拓展国际市场，提高企业的国际竞争力。龙头企业要实现产业结构调整，进行企业机制体制转化，建立资源、人才、技术、资金等各个方面的激励和约束机制，开拓多元化市场，争取能够引入外资，建立良好的资金运转机制。

农业产业化龙头企业要注重可持续发展战略。龙头企业要立足于农业、农村，关注社会的可持续发展目标，在提高利润水平的同时适应外界环境变化，合理配置资源，实现可持续发展。虽然就目前而言，大多数龙头企业还处于起步阶段，时机还不够成熟，没有足够的资金和技术实现可持续发展，但是要树立可持续发展意识，并及时调整完善。只有注重可持续发展战略，才能保证龙头企业稳定、高速发展。

三、农业产业化龙头企业融资方式

龙头企业的内源性融资。内源性融资属于企业的权益性融资，是龙头企业生产经营产生的资金，是内部融通的资金，主要由留存收益和折旧构成，构成企业的自有资金，是一个将自己的储蓄转化为投资的过程。

龙头企业的外源性融资。外源性融资属于债务性融资，债务性融资构成负债，债权人不参与龙头企业的经营决策，龙头企业按期偿还约定的本息。外源性融资方式包括银行贷款、发行股票、企业债券等，通过吸收其他经济主体的储蓄，转化为自己的投资。

其他融资。国家对农业及农业相关产业大力扶持，国家各级政府出台了不少政策扶持农业龙头企业的发展，比如直接拨款、对龙头企业进行贷款贴息、出资为龙头企业组建信贷担保公司、提供税收优惠等。

四、及时开展检查

因土地承包经营发生纠纷的，双方当事人可以通过协商解决，也可以请求村民委员会、乡镇人民政府调节解决。当事人不愿协商、调解，或者协商、调解不成立的，可以向农村土地承包仲裁机构申请仲裁，也可以直接向人民法院起诉。任何组织和个人侵害土地承包经营权、土地经营权的，应当承担民事责任。及时开展检查工作，并不定期进行检查，才能更好地维护农民群体的切身利益。

检查重点从以下方面展开：干涉承包方依法享有的生产经营自主权；违反农村土地承包法规定收回、调整承包地；强迫或者阻碍承包方进行土地承包经营权的互换、转让或者土地经营权流转；假借少数服从多数强迫承包方放弃或者变更土地承包经营权；以划分"口粮田"和"责任田"等为由，收回承包地搞招标承包；将承包地收回抵顶欠款；剥夺、侵害妇女依法享有的土地承包经营权；其他侵害土地承包经营权的行为。

承包合同中，违背承包方意愿或者违反法律、行政法规有关不得收回、调整承包地等强制性规定的约定无效，当事人一方不履行合同义务，或履行义务不符合约定的，应依法承担违约责任。任何组织和个人强迫进行土地承包经营权互换、转让或土地经营权流转的，该互换、转让或流转无效。任何组织和个人擅自截留、扣缴土地承包经营权，互换、转让或者土地经营权流转收益的，应当退还。

违反土地管理法规，非法征收、征用、占用土地，或者贪污、挪用土地征收及征用补偿费用构成犯罪的，依法追究刑事责任。造成他人损害的，应当承担损害赔偿等责任。承包方、土地经营权人违法将承包地用于非农建设的，由县级以上地方人民政府，有关主管部门依法予以处罚。承包方给承包地造成永久性损害的，发包方有权制止，并有权要求赔偿由此造成的损失。土地经营权人擅自改变土地的农业用途、弃耕、抛荒连续两年以上，给土地造成严重损害，或者严重破坏土地生态环境，承包方在合理期限内不解除土地经营权流转合同的，发包方有权终止土地经营权流转合同。土地经营权人对土地和土地生态环境造成的损害，应当予以赔偿。

五、创新管理方法

扶贫济困，乡村振兴，引导小农走上现代化发展轨道，是农村土地承包经营管理工作的重点。

一是将重点放在土地经营权流转方面。利益当前，许多人都会迷失自我，而土地流转出去后，农户的切身利益却难以得到保障。现实生活中，有的农村将土地经营权流转，但没有经过村民委员会组织的公开招投标，对投资人和投资企业的实际情况知之甚少。一些投资者虽然极具冒险精神，敢闯敢拼，但受限于个人或企业的实力，在拿到土地经营权后，却未能履行对农户许下的承诺，未能执行流转合同中的相应条例。比如说，投资者流转了农村上百亩土地用于种植辣椒，规模化生产的同时，吸纳了农村剩余的劳动力，一举两得。但是，虽然进行了规模化生产，可企业对市场行情的把握、对生产方式的革新，以及对销售环节的保障都没有做到位。这种情况下，一旦遭遇恶劣天气，如持续不断的秋雨，或者是遭遇虫害，又或者是销路受阻等，都会导致企业没有收益，血本无归，一蹶不振。从农户的角度出发，农户也知道企业没有盈利，企业管理者承诺第二年一起补偿农户。那么，摆在眼前的问题是，是否还要继续土地流转？对于农村不富裕的家庭来说，土地生产是生活来源的基础保障，而土地流转后颗粒无收，这对农户造成的影响不可小觑。因此，农村土地经营管理，创新管理机制，需要从自我做起。作为工作人员，应保持清醒的头脑，对农村的土地质量、地力情况、水利条件、交通状况、市场动态等，均进行深入了解。做到统筹兼顾，知己知彼，才能减少盲目冲动的行为，保障农户的利益。

二是要激活农村的资源要素，引领农村产业发展。重点建设农村专业合作社、家庭农场、生态农场等，加强绿色农业科技宣传，提高农户的种植热情。

第九章 农产品电商

第一节 农产品市场信息平台

一、农产品市场信息系统的概念

市场信息系统是依据特定的需求对市场信息进行收集、加工、分析并传播给特定用户的人—机系统，市场信息系统的发展与信息处理技术的进步密切相关，现代化的技术设备是建立有效信息系统的物质基础。

市场信息系统处理的是与市场交换有关的一系列信息，目的是为经济参加者的管理和决策提供信息依据，因此，市场信息系统属于经济信息系统。

农产品市场信息系统是一个复合系统，它是自然系统、社会系统和经济系统相互交织的系统，构成元素量大而且元素间关系复杂。在设计及管理农产品市场信息系统时，应充分体现和反映系统对外部环境的适应性、系统整体目标的最大化、系统具有合理的层次和结构以及各子系统之间的协调运行等，作为一个系统应具备的基本要求和特性。

二、农产品市场信息管理系统框架

农产品市场信息管理系统是一套面向各类批发市场、商场、菜市场、各大卖场等日常事务管理的大型系统软件，具有席位管理、物资管理、客商管理、合同管理及收费管理等功能。此系统可以简化日常管理工作，提供关键数据如单价、收费信息更新的跟踪，从而使管理更加科学、条理。

系统功能包括：系统管理（市场信息设置、区域类别及席位设置、其他租赁项目、水电及其他费用、字典设置、关键数据修改记录、部门及员工设置、角色及权限设置、备份数据与恢复数据）、席位管理（席位租赁管理、席位状态查询、席位抄表、其他物品租赁管理、其他物品租赁查询）、客商管理（客商信息、客商抽检、客商奖罚）、合同管理（席位租赁合同管理、席位租赁合同查询、其他租赁合同管理、其他租赁合同查询）、收费管理（收取席位押金、收取其他租赁品押金、席位收费、其他租赁费用、水电收费、逾期欠费提示、席位退费处理、其他退费处理）、统计查询（席位出租率汇总、席位租金收费统计、其他租赁收费统计、水电及其他费用收费统计、水电及其他费用分类统计、出租期限查询、市场各部商位出租率汇总），另外，还有查看工具栏、导航条，帮助建农档，同时，提供强大的修改、查询、统计、报表输出、报表保护、收费票据的精确打印等功能。

第二节　农产品溯源信息平台

一、农产品溯源系统的含义

"农产品质量安全追溯系统"是一个能够连接生产、检验、监管和消费各个环节，让消费者了解符合卫生安全的生产和流通过程，提高消费者放心程度的信息管理系统。该系统提供了"从农田到餐桌"的追溯模式，提取了生产、加工、流通、消费等供应链环节消费者关心的公共追溯要素，建立了农产品安全信息数据库，一旦发现问题，能够根据溯源进行有效的控制和召回，从源头上保障消费者的合法权益。

二、农产品溯源系统的构成

（一）RFID 信息技术采集

农产品追溯管理系统将利用 RFID 先进的技术并依托网络技术及数据库技术，实现信息融合、查询、监控，为每一个生产阶段以及分销到最终消费领域的过程中提供针对每件货品安全性、农产品成分来源及库存控制的合理决策，实现农产品安全预警机制。RFID 技术贯穿于农产品安全始终，包括生产、加工、流通、消费各环节，全过程严格控制，建立了一个完整的产业链的农产品安全控制体系，形成各类农产品企业生产销售的闭环生产，以保证向社会提供优质的放心农产品，并可确保供应链的高质量数据交流，让农产品行业彻底实施农产品的源头追踪以及在农产品供应链中提供完全透明度的能力。

（二）WSN 物联网技术

由部署在监测区域内大量的廉价微型传感器节点组成，通过无线通信方式形成的一个多跳的自组织的网络系统，其目的是协作地感知、采集和处理网络覆盖区域中被感知对象的信息，并发送给观察者。传感器、感知对象和观察者构成了无线传感器网络的 3 个要素。而构成 WSN 网络的重要技术，Zigbee 技术以低复杂度、自组织、低功耗、低数据速率、低成本的优势，逐渐被市场所接受。

（三）Zigbee 无线技术

具有远距离传输特性，顺舟科技采用加强型的 Zigbee 技术，推出的 Zigbee 无线数传模块，符合工业标准应用的无线数据通信技术，它具有安装尺寸小、通信距离远、抗干扰能力强、组网灵活等优点和特性；可实现多设备间的数据透明传输；可组 MESH 型的网状网络结构，在农产品溯源体系中主要是实现对相关数据的传输与信息交互。

（四）EPC 全球产品电子代码体系

全称是 Electronic Product Code，中文称为产品电子代码。EPC 的载体是 RFID 电子标签，并借助互联网来实现信息的传递。EPC 旨在为每一件单品建立全球的、开放的标志标准，实现全球范围内对单件产品的跟踪与追溯，从而有效提高供应链管理水平、降低物流成本。EPC 是一个完整的、复杂的综合的系统。农产品溯源系统将结合 EPC 技术，把所有的流通环节（包括生产、运输、零售）统一起来，组成一个开放的、可查询的 EPC 物联网，从而大大提高对农产品的追溯。

（五）物流跟踪定位技术（GIS/GPS）

要做到农产品追溯，就要贯穿整个农产品的过程，包括生产、加工、流通和销售，全过程必须严格控制，这样才能形成一个完整的产业链的农产品安全控制体系，以保证向社会提供优质的放心农产品，并可确保供应链的高质量数据交流，让农产品行业彻底实施农产品的源头追踪以及在农产品供应链中提供完全透明度的能力。因此，物流运输环节对于整个农产品的安全来说就显得异常重要。GIS（地理信息系统）和 GPS（全球卫星定位系统）技术的运用，正好解决了物流运输过程中的准确跟踪和实时定位的难题。GIS 是以地理空间数据为基础，采用地理模型分析方法，适时地提供多种空间和动态的地理信息，是一种为地理研究和地理决策服务的计算机技术系统。尤其是近些年，GIS 更以其强大的地理信息空间分析功能，在 GPS 及路径优化中发挥着越来越重要的作用。GPS（全球卫星定位系统）是一种利用地球同步卫星与地面接收装置组成的，可以实时进行计算当前目标装置（接收装置）的经纬度坐标，以实现定位功能的系统。现在越来越多的物流系统采用 GIS 与 GPS 结合，以确定运输车辆的运行状况。农产品溯源系统通过组建一张运输定位系统，可以有效地对农产品进行监控与定位。

第三节　农产品物流信息平台

一、农产品物流信息系统的含义

农产品物流信息系统是在保证订货、进货、库存、出货、配送等信息通畅的基础上，使通信据点、通信线路、通信手段网络化，提高鲜活农产品物流作业系统的效率。

农产品物流信息系统在基本面上与一般的信息系统没有太大的区别。

二、农产品物流信息系统的功能分类

（一）接受订单和出库系统

（1）订单受理。从客户那里接收订货信息，作为订货进行数据记录的业务称为订货登记。订货登记业务从接收订货信息，对订货信息的完整程度、准确程度进行检查开始。接下来是对客户的相关制约条件进行检查，如货款交纳情况、信用情况等。在确定可以接受订货要求后，按照订单进行库存确认。接受订单处理业务完成后，必要情况下，要将订货请求书传给客户确认。订货登记的信息处理要在下一步的货物拣选、出库、配送等业务开始之前完成，这些具体的物流作业活动都要基于订货信息处理结果来完成。

（2）出库处理。根据全面处理的订货信息，首先制作货物拣选明细。利用计算机信息处理技术、自动拣选、半自动拣选的信息提示等手段可以提高货物拣选的效率与合理化程度。但是，当订货处理和货物拣选作业之间的时间有限时，难以实现自动化。如果出现库存不足、不能按照订货数量拣选的情况，要将缺货部门的信息告知客户，由客户决定是取消订货还是在下次到货时优先供货。对于拣选、按照客户类别备好货物的订货，应下达配送指示。送货时，一般要同时向客户提交装箱单、送货单和收货单等单据。

（3）送货结束后的处理业务。送货结束并经确认之后，要进行费用结算，发出费用结算单据。

（二）库存管理系统

建立库存管理系统是为了平衡销售需求和库存的数量，保证原材料的零部件储备以及制造活动顺利进行，并且以最少的数量满足需求，减少库存浪费和保管费用。库存管理包含两方面的含义：一是正确把握库存数量的"库存管理"；二是按照准确的数量补充库存的"库存控制"，称为补充订货。为了有效地进行库存管理，需要制定库存分配计划，在执行过程中，使保管的库存与计算机掌握的库存相一致。有订货发生，在订货处理时应进行库存核对，计算机内的库存数量随之减少；有入库发生，入库数据输入后计算机内的库存数量应增加。为了防止拣选作业、数据输入等环节出现差错，需要在作业后及时核对货架上的货物，发现误送的商品及时追踪，同时对计算机内的数据进行修正。为了简化作业，需定期对全部货物进行实物与计算机库存数据核对，即盘点。

建立与库存控制有关的信息系统的目的是防止出现库存不足，维持正常库存量，决定补充库存的数量。每一种商品都需要补充库存，如果采用手工作业效率低下，因此有必要利用信息系统支援。

（三）仓库管理系统

（1）仓库系统。为了实现仓库管理的合理化，提高仓库作业的效率，防止出现作业差错，仓库管理至关重要。仓库管理的有效办法是对保管位置和货架按照一定的方式标明牌号，根据牌号下达作业指示。在计算机控制的自动化立体仓库，没有货位的牌号标志是无法运作的。

（2）订货拣选系统。订货拣选系统分为全自动系统和半自动系统，全自动系统是从全自动流动货架将必要的商品移送到传送带的拣选系统；半自动系统是在计算机的辅助下实现高效率拣选的系统，如电子标签拣选系统等。

（四）配送管理信息系统

具有代表性的配送管理信息系统有固定时刻表系统和变动时刻表系统两种。

固定时刻表系统是根据日常业务的经验和客户要求的配送时间，事先按照不同方向类别、不同配送对象群类别，设定配送线路和配送时刻，并且安排车辆，根据当日的订货状况，还可以进行细微调整的配送组织方式。

变动时刻表系统是根据当日的配送客户群的商品总量，结合客户的配送时间要求和配送车辆状况，按照可以调配车辆的容积和车辆数量，由计算机选出成本最低的组合方式的系统。

（五）货物追踪系统

货物追踪系统是指在货物流动的范围内，可以对货物的状态实施监控的信息系统。物流业的货物追踪系统信息处理的原理是：在货物装车通过货物中转站时，读取货物单据上的条形码，单据上记载的条形码表示单据右上方的单据号码。这样就可以清楚地知道所运货物通过什么地方、处于什么状态。当客户查询货物时，只要提供货单号码，就可以获知所运货物的有关动态信息。动态信息包括：货物已经启运、正在运输途中、正在配送途中、已经配送完成等。利用这个系统，对没有配送完的货物也可以及时把握，在防止配送延误方面也能起到重要作用。

（六）车源与货源衔接系统

在长距离大量货物运输的情况下，一般使用整车运输的方法。影响整车运输效率的主要问题是回程空载行驶，造成运输能力的浪费。由于网络没有形成、信息不通畅等原因，回程车辆空驶现象时有发生。解决回程空驶问题的办法一般有两个：一是货主利用回程车辆运输货物；二是车主寻找回程货物。

配载成功与否，关键在于信息是否充分以及能否及时获取信息。配载系统利用信息网络及时，为发布车源、货源和查找车源、货源提供了有效手段。有业务合作的企业之间，利用这个系统可以相互提供车源、货源，达到提高运输效率的目的。

第四节　网上开店的经营

　　网上开店的各项准备工作完毕之后，应该立即着手开展网上开店的经营工作，包括整理商品图片及文字描述、合理设置商品价格、积极进行网店推广。好的商品图片和文字描述比滔滔不绝地向客户介绍商品重要，如何合理设置商品价格和积极推广网店则是网上开店能否成功的关键。

一、商品描述

（一）图片描述

　　网上销售，一张好图胜千言，图片是吸引买家的重要武器。在众多同质化的商品海洋里，如何拍摄一张好照片，并加以适当处理，让它在众多商品中脱颖而出，是迈向成功的关键一步。

　　1. 商品拍摄

　　图片的重要性不言而喻，一张好图片来源于好的拍摄。商品拍摄前，首先要考虑清楚的是被摄商品的特点和质地，在心中构思如何将这些要素展现出来；接着要选择清晰的光源，光线过暗或过亮都无法拍出效果令人满意的照片；最后要选择合适的背景和良好的构图，背景过于生活化容易使商品欠缺卖相，拍摄时注意物体的摆放位置和拍摄角度，可尝试俯拍、仰拍等多种角度。

　　考虑到图片可以在电脑里做后期加工，所以拍出的商品照片只要清晰、曝光基本正确就可以了。

　　2. 图片处理制作

　　图片的后期处理，要以实物为基础，尽量缩小与实物的差距，不要为了追求好的效果而把颜色调得过于鲜艳、明亮，否则买家收到货物后会有受骗上当的感觉，也给卖家自身信誉造成损失。

处理图片的软件有很多，但只需选择具有一些基本功能的软件即可，如修改图片的尺寸，调整图片亮度、对比度及色彩，在图片上添加文字等功能都是必需的。常见的图片处理软件有 Photoshop、Fireworks、Acdsee、微软的画图软件等。

（二）文字描述

网上卖东西，有了商品图片，买家还是看得见摸不着，所以必要的商品文字描述显得极其重要。文字描述一般分为三个步骤。

1. 给商品取一个好标题

在网上商店的商品标题中，我们常见的标题一般包含以下要素：

（1）突出价格优势。

（2）突出品牌、型号。

（3）写入店铺名称。

（4）写上值得骄傲的信用等级。

2. 比较详细的商品描述

商品描述应遵循两个原则：真实性、专业性。如果在商品描述中传递虚假信息，买家收到货物后发现商品与描述不符，轻则投诉，如果因货物导致其他问题产生，重则可能因此负上法律责任。在商品描述中介绍商品的相关背景、规格、功能、使用特点、价格说明等，可以体现出店铺的专业性，给买家一种无形的影响力，有助于提高商品成交率。

3. 其他情况备注

在文字描述的最后，可以写上一些"郑重说明""购买说明"等交易说明，特别是常见的买卖问题、汇款问题、商品配送问题等。

二、商品定价

许多人愿意在网上购物的一个重要原因是价格便宜，在比较完商品的功能、外观后，商品价格就成为影响购买的重要因素。目前国内网上开店的卖家定价方式主要有一口价、拍卖价、集体议价三种。

网上开店的商品定价是一种艺术，针对不同情况采取相应的定价策略，有助于提高店铺的经营业绩。常用的网上开店定价策略有：

（1）制定的价格略低于市面的成交价格，满足消费者追求廉价的心理。

（2）网下不容易买到的时尚类商品，价格可适当调高。

（3）店内经营的商品可拉开档次，有高价位的，也有低价位的。

（4）随时掌握竞争者的价格变动，调整自己的竞争策略，时刻保持商品的价格优势。

（5）巧妙运用捆绑手段，减少消费者对价格的敏感程度，使消费者对所购买的产品价格感觉更满意。

（6）满足消费者对价格数字的喜好心理，如在定价中多采用数字"8"等。

（7）如果产品具有良好的品牌形象，那么产品的价格将会产生很大的品牌增值效应。

三、网店推广

在网络技术高速发展的今天，互联网上到处是网店，在淘宝网或者易趣网开店的人更是比比皆是。谁能吸引更多的眼球，谁就能赢得市场，这取决于是否能运用恰当的营销手段。一般可以根据自己店铺的经营规模和经营阶段采取适合的网络推广方式，常用的有购买推荐位、登录搜索引擎、BBS 论坛宣传等若干种。

第十章　农民健康生活

第一节　合理膳食

一、少盐

盐，不吃不成。没有盐不仅食物没有咸味，人体还会由于缺钠而感到无力、倦怠，甚至出现血压下降、肌肉痉挛，严重的可因肾功能衰竭而死亡。

盐，吃多了也不行。吃多了会使患高血压病的危险大大增加，而高血压又会引发一系列的疾病，如心脏病、中风等。

世界卫生组织和中国营养学会推荐健康成年人每天摄入的食盐不超过 6 g（相当于一啤酒瓶盖）。

二、控制油的摄入量

虽然植物油不含胆固醇，但是所供给的能量却很高，对预防慢性病不利。每人每天的食用油摄入量一定要控制在 25 g以下。

制作食物时，尽可能选择不用烹调油或用油很少的烹调方法，如蒸、煮、炖、焖、水滑、凉拌等。用煎的方法代替炸也可减少烹调油的摄入。尽量不用油炸的方法制作食品。

三、主食不能少

现在许多农家主食都吃得很少，尤其经济发达地区。但专家建议，保证和坚持摄入足够量的粮食（每天 250~400 g），既可为人体提供充足的能量，又可避免摄入过多的脂肪及含脂肪较高的动物性食物，有利于相关慢性病的预防。这里所介绍的粮食的量是指面粉、大米等粮食的重量，不是馒头、米饭等粮食制品的重量。

四、品种要丰富

（一）新鲜蔬菜水果可多吃

新鲜蔬菜是人类每天平衡膳食的重要组成部分。建议成年人每天最好吃蔬菜 500 g，其中深色蔬菜约占一半（这里推荐的蔬菜数量是指择好的净菜）。每人每天吃水果在 200 g 以上（糖尿病人则需要依医嘱选择）。健康人可在餐前吃水果，有利于控制食量，保持健康的体重。

（二）豆制品要天天吃

大豆及其制品营养丰富，且具有多种健康功效，每人每天应摄入 30~50 g 大豆及大豆制品。以所提供的蛋白质数量计算，40 g 大豆分别约相当于 200 g 豆腐、100 g 豆腐干、25 g 腐竹、750 g 豆浆。

（三）动物性食物不可过多

畜、禽、鱼、蛋等动物性食物是人所需蛋白质、脂类、脂溶性维生素、B 族维生素和矿物质的良好来源，是平衡膳食的重要组成部分。但动物性食品中一般都含有一定量的饱和脂肪酸和胆固醇，摄入过多会增加患心血管疾病的危险性。管好自己的嘴，不要因为好吃就贪吃，要控制量。

红肉（畜肉，也就是猪、牛、羊等畜类的肌肉、内脏及其制品，因为肉色较深，呈红色而得名）每天控制在鲜肉 75 g 以内，相当于猪肉（后臀尖）75 g、牛腿肉或羊腿肉 75 g、鸡翅（带骨）100 g、酱牛肉 50 g。

白肉（禽肉和水产品，因其肉色较浅，呈白色而得名）中的脂肪含量较低，不饱和脂肪酸含量较高，特别是海产鱼类，含有较多的不饱和脂肪酸，部分海鱼还含有 DHA 和 EPA，对预防血脂异常和心脑血管疾病有重要作用，宜作为首选肉类。

（四）多喝奶

在各类食品中，奶类所含的营养素最为齐全。奶中含有优质蛋白质、脂肪、各种维生素和矿物质，还有特殊的碳水化合物——乳糖。奶中钙含量高，而且钙磷比例合适，还有维生素D、乳糖等促进钙吸收的因子。所以儿童、青少年饮奶有利于骨骼的生长发育；中老年人饮奶可以补充钙，减少骨质疏松症发生的危险。

每人每天都应该吃奶或奶制品，饮 1~2 杯牛奶（200~400 ml）或相当于同等数量鲜奶的奶制品，如酸奶、奶酪。

（五）不挑食

目前，各种食物并不缺乏。保证膳食营养平衡，主要是把知识变成观念，有意识地合理安排一日三餐。不论大人孩子，都不要挑食，不要暴饮暴食，饮食要适量，要细嚼慢咽，以利于消化吸收。

第二节　戒烟限酒

一、戒烟

吸烟可导致呼吸道炎症、肺癌以及动脉硬化、心脑血管疾病，妇女吸烟还可导致流产和胎儿畸形。被动吸烟也增加患癌的风险。另外，吸烟还可以影响人的嗅觉和味觉，使人不能很好地享受美味的食物；吸烟还会减少四肢的血液循环，让人觉得寒冷；吸烟还会降低男人的性欲。

吸烟对人的危害是一个慢性积累的过程，也许初学吸烟者不会马上付出代价，但是 10 年或更长时间后得了病就只能默默地自吞苦果了。奉劝青少年别学抽第一口烟，广大烟君子尽早戒烟！

二、限酒

酒精在体内 10% 自肠胃排出，90% 在肝中代谢。如果每天饮酒量在 50 g 酒精量以下时，一般不会发生酒精性肝病；如果每日摄入 50~100 g 酒精时，则患酒精性肝病的危险性增加 5 倍；如果每日摄入超过 150 g 则增加 25 倍。

科学家已证实饮酒能促进致癌物的致癌作用，抑制免疫系统的功能。长期大量饮酒可以诱发食管癌、肝癌、口腔癌、胰腺癌、乳癌、胃癌、肠癌等。

第三节　培养健全人格

要在纷繁复杂的环境中，保持心理平衡，首先要提高心理素质，学会心理调节，重视培养健全的人格。概括起来讲，人的人格特点包括以下五个方面。

一、性格内向还是外向

外向的人活泼开朗，兴致勃勃，大多数时间喜欢和大家在一起。内向的人沉默寡言，表情严肃，更情愿独处或与少数亲密的人在一起。介于两者之间的人活泼好动，待人热情，喜欢有别人陪伴，也喜欢一个人独处。

二、情绪的稳定性

情绪稳定的人感到安全，表现坚强，一般情况下都能做到轻松自如。情绪不稳定的人遇事感情用事，容易心烦意乱。介于两者之间的人，遇事镇静，能够对付突发性的应急事件，但有时也会体验到内疚、愤怒和悲伤感。

三、思想开放还是保守

思想开放的人有广泛的兴趣，有丰富的想象力，乐于接受新事物。思想比较保守的人做起事来脚踏实地，有务实精神，但往往以固定的方式办事，对新事物接受慢。介于两者之间的人办事注重实际，且愿意考虑新的办事方式，常常力求在新旧事物之间寻求一种平衡，设法寻找一个平衡点。

四、人际关系的好坏

人际关系好的人心地善良，有同情心，能与别人合作，积极避免与别人发生冲突。人际关系差的人在与人交往过程中态度强硬，不信任别人，骄傲自负，总想超过别人，倾向于直接表达自己的愤怒和不满。介于两者之间的人，一般都待人温和，很少与别人不和，但有时也会坚持己见，甚至为此与别人发生冲突。

第四节 良好的卫生习惯

一、洗手

手是传播传染病的桥梁之一。如脏手揉眼睛，可以造成红眼病的传播；脏手污染食具、食物，可以导致肠道传染病的传播；如果再造成医疗器具的污染，则可引起医院内感染的发生。因此，把手洗干净是有效预防一些传染病的重要措施。

在什么情况下应该洗手呢？饭前；接触清洁物品前；搂抱婴幼儿前；外出归来；接触钱币后；便前便后；到医院看病或者接触病人后，等等。

二、开窗通风

如果家庭成员中有人患感冒或其他呼吸道感染，室内的空气就会被病菌、病毒污染。开窗通风是排除室内空气污染、从外界获取新鲜空气的有效手段，也是最经济有效的预防呼吸道传染病的方法。

三、戴口罩

在下面情况下应该戴口罩：遭遇恶劣环境，如风沙天、沙尘暴、雾霾天、空气污染等；有呼吸道感染的症状和发热；接触呼吸道感染的病人或发热的病人；身处呼吸道传染病流行的疫区；医疗卫生人员建议佩戴时。

四、接种疫苗

疫苗是人类获得传染病免疫力的有效方法。人类之所以能将天花消灭，并计划消灭脊髓灰质炎和麻疹等传染病，正是因为人类有了对付这些传染病的疫苗。不过多数疫苗并不能使人类消灭相应的传染病，而是让人体获得有效的免疫力，从而免受传染病的侵犯。

五、注意饮食卫生

（1）做饭生熟要分开。做饭时，一定要把洗菜盆、刀、案板等器具做到生熟分开。因为生鲜食物上的病菌、病毒会污染已烹饪或无需烹饪的食品，使我们吃了以后生病。

（2）不要生食水产品。水产品包括鱼、虾、贝、螺等多种水生动物。它们在生长过程中，不可避免地携带一些对人体健康有威胁的病原体，应煮熟蒸透将这些病原体杀死后再食用，切忌贪图"鲜""嫩"而生食或半生食用。

（3）千万不要喝生水。未煮沸的水都是生水。在生水中生活着许许多多的微生物，有寄生虫、细菌、霉菌和病毒，这些小小的致病"活物"一旦随着饮水进入人体的胃肠道，就会使人发病——霍乱、痢疾、甲肝。

第五节　常见传染病的预防

一、流行性感冒

流行性感冒是由流感病毒引起的一种传染性极强的急性呼吸道传染病。尽管患过流感或注射疫苗可以使人体获得一定的免疫力，但由于流感病毒极易变异，人可多次患流感。流感主要经飞沫传播，也可以通过接触被病人的唾液、痰液污染过的餐具、毛巾、玩具等物品传播。

与普通感冒不同的是，流感病人打喷嚏、流鼻涕、咽喉痛等呼吸道症状可以比较轻微，而发热、乏力、肌肉疼痛等全身症状较重。发热高达 39~40 ℃，伴有寒战、头痛，少数人会出现恶心、食欲不振、腹泻、便秘等症状，持续 3~4 d 后逐渐退热，全身症状也随之好转。乏力可持续 1~2 周。

流感病程比普通感冒长，但一般不留后遗症。少数体质差、有慢性疾病的病人病情可能较重，甚至出现肺炎等并发症，治疗不及时死亡率高。

孕妇在妊娠早期患流感，流产率和胎儿畸形率增加。在妊娠中晚期患流感，可致胎儿宫内发育迟缓及早产等。

流感早期主要是对症治疗，抗病毒药物可阻止病情加重。同时，病人要卧床休息，多饮水，进食清淡、易消化、富含维生素 C 和维生素 E 的食物。在流感流行期，出现高热且全身中毒症状重的病人应及时到医院发热门诊就诊。

二、麻疹

麻疹是由麻疹病毒引起的急性传染病，多见于冬春季节，是儿童常见的传染病，具有很强的传染性。麻疹主要通过空气飞沫传播。病人是唯一的传染源。

麻疹患者起初表现为发热、流涕、咳嗽、畏光、流泪等。2~3 d 后，可在口腔内两颊发现有小白点。皮疹从耳后部开始，逐渐扩展到颜面、胸背、四肢、手足心，疹间皮肤正常，疹退后留下色素沉着及脱屑，病程 10 d 左右。若疹出又突然隐没，或出疹顺序杂乱，伴面色发白、咳嗽气急、口唇发绀，提示病情严重，严重者可危及生命。

单纯麻疹病人易治愈，不留后遗症，可在家中隔离治疗。同时，饮食以富于营养、易消化的流质或半流质食物为佳。保持室内空气新鲜、湿度适宜也很重要。病人还要保持眼睛、口腔、鼻和皮肤的清洁。重型麻疹病死率较高，必须住院治疗。

三、水痘

水痘是由水痘-带状疱疹病毒引起的传染性极强的儿童期出疹性疾病，多发生在冬末、初春。发病的年龄高峰为 6~9

岁。水痘主要通过空气飞沫传播。病人是唯一的传染源。

水痘病人早期有低热、乏力及上呼吸道感染等症状，24 h后出疹，开始为红色皮疹，迅速发展为清亮、卵圆形、泪滴状小水疱，周围有红晕，持续3~4 d，然后开始干缩、结痂。皮疹主要位于躯干，四肢较少。水痘皮疹都分批出现，各期皮疹可同时呈现。

水痘如果不合并细菌感染化脓，则一般不留瘢痕。部分病人病毒可长期潜伏在神经节内，当免疫力下降或某些诱因激活病毒，可引起带状疱疹。

水痘病人无合并症者仅需对症治疗，如退热，局部或全身使用止痒药、镇静剂。可在医生指导下选用抗病毒药物。同时加强护理，保持皮肤清洁，勤换内衣，剪短指甲，以防抓伤水疱继发感染。如果出现并发症，如肺炎、脑炎、皮疹继发感染等，须及时就诊。

四、肺结核

肺结核病是一种慢性呼吸道传染病，主要通过空气飞沫传播。在居住拥挤的家庭或者群体中，一旦有人发生肺结核，常会造成结核菌的传播和结核病的暴发流行。

得了肺结核，病人主要有咳嗽、咯痰、咯血、胸痛等症状，同时可能伴有全身乏力、食欲减退、低热、盗汗、妇女月经不调等表现。

得了肺结核不可怕，只要及时正确治疗，绝大多数病人都是可以治好的。"早期、规律、联合、适量、全程"是结核病的治疗原则。

五、细菌性痢疾

细菌性痢疾是由痢疾杆菌引起的肠道传染病，夏秋季节高发。菌痢主要通过水或食物传播，也可通过日常生活接触和苍蝇传播。

痢疾病人有发热、乏力、呕吐、腹痛、腹泻等症状，总想解大便，但每次大便量又不多，有拉不完的感觉，大便里有黏液和脓血，重者有高热、意识不清、面色苍白、皮肤花纹等。

一般病例病程 1~2 周，多数可痊愈，少数转为慢性。个别严重者可出现休克、脑病等而危及生命。

当出现上述症状时，病人应及时到医院肠道门诊诊治，并在医生指导下使用抗菌药物，同时病人多喝糖盐水，最好喝口服补液盐，防止脱水。还要保证治疗疗程（1~2 周），不要腹痛、腹泻一好转就停药，以免转为慢性菌痢。

六、手足口病

手足口病又叫发疹性口腔炎，主要是由病毒引起的急性传染病。夏秋季比较常见，多发生于 5 岁以下的婴幼儿。手足口病主要通过粪—口途径和日常接触传播，也可通过空气飞沫传播。

本病的多数病人突然起病，主要表现为手、足、口腔等部位皮肤、黏膜出现斑丘疹及疱疹样损害，病变主要侵犯手、足、口、臀四个部位（"四部曲"）；皮疹不像蚊虫咬、不像药物疹、不像口唇牙龈疱疹、不像水痘（"四不像"）；皮疹不痛、不痒、不结痂、不结疤（"四不特征"）。部分病人初期有轻度感冒症状，如咳嗽、流涕、恶心、呕吐等。

该病的病程一般较短，多在 1 周内痊愈，不留后遗症。偶见心肌炎、无菌性脑膜炎、肺水肿或肺出血等并发症，严重时可危及生命。

主要参考文献

蔡利国，刘丽红，史晓婧，2020. 高素质农民培育读本 ［M］. 北京：中国农业科学技术出版社.

邓学斌，李萍，乔存金，2023. 高素质农民培训手册 ［M］. 赤峰：内蒙古科学技术出版社.

黄慧光，李培源，李磊，2020. 高素质农民教育培训手册 ［M］. 北京：中国农业科学技术出版社.

姜家献，2022. 高素质农民培训教学指南 ［M］. 北京：中国农业出版社.

李广，杨中雄，杨超，2023. 高素质农民素养与责任担当 ［M］. 北京：中国农业科学技术出版社.

李伟越，郝文慧，张文强，2020. 高素质农民培育必读 ［M］. 北京：中国农业科学技术出版社.

陶华，张道明，董涛，2023. 高素质农民培育百名典型 ［M］. 郑州：中原农民出版社.

王天民，唐勇，洪大航，2020. 高素质农民培训读本 ［M］. 北京：中国农业科学技术出版社.

周俪，2023. 乡村振兴视阈下高素质农民培育研究 ［M］. 厦门：厦门大学出版社.